城市更新与空间治理

庄继生　著

天津出版传媒集团
天津科学技术出版社

图书在版编目(CIP)数据

城市更新与空间治理 / 庄继生著. -- 天津 : 天津科学技术出版社, 2023.7

ISBN 978-7-5742-1308-1

Ⅰ. ①城… Ⅱ. ①庄… Ⅲ. ①城市规划 Ⅳ. ①TU984

中国国家版本馆CIP数据核字(2023)第113572号

城市更新与空间治理

CHENGSHI GENGXIN YU KONGJIAN ZHILI

责任编辑：王　冬

责任印制：兰　毅

出　　版：天津出版传媒集团
天津科学技术出版社

地　　址：天津市西康路35号

邮　　编：300051

电　　话：（022）23332377

网　　址：www.tjkjcbs.com.cn

发　　行：新华书店经销

印　　刷：石家庄汇展印刷有限公司

开本 710×1000　1/16　印张 16　字数 220 000

2023年7月第1版第1次印刷

定价：98.00元

前　言

在21世纪的今天，城市更新和空间治理已经成为全球范围内关注的热点问题。随着全球化和城市化的不断加快，城市空间结构的变革、城市发展的可持续性以及城市治理的现代化等问题已经成为不容忽视的重要议题。本书旨在对城市更新空间治理的理论和实践进行全面、深入的分析，为我国的城市更新和空间治理提供有益的启示和借鉴。

第一章主要围绕城市更新理论展开，通过对城市更新的内涵、发展历程、理论依据、基本内容、分类和方式的剖析，为读者提供了一个全面了解城市更新的窗口。此外，本章还对城市更新规范进行了详细的阐述，并从国内外城市更新实践经验与启示的角度，对城市更新的研究进行了深入探讨。

第二章对空间治理理论进行了系统性的梳理，首先从治理、城市治理与空间治理的关系入手，引入空间治理的理论分析及其研究。接着，在新时代背景下对空间治理及其主要类型进行了阐述，最后对中国当代区域协调发展中空间治理现代化新态势进行了深入分析。

第三章关注转型对城市空间结构重构发展的促进作用，以中国城市建设环境的总体转型为背景，探讨中国城市现代性的转型与空间生产重构之间的关系。此外，本章还对当代大都市区治理与空间转型路径优化重构进行了深入剖析。

第四章通过对上海、北京、广/佛、深圳等城市的城市更新空间治理实例进行分析，为读者展示了不同城市在空间治理上的创新模式，以及这些模式在实践中所取得的成效。这些案例分析不仅有助于提高我国城市更新空间治理的实践水平，也为其他国家和地区提供了宝贵的参考。

第五章重点探讨城市更新空间治理的模式探索，通过对城市更新空间治理理念的探讨，对城市更新空间治理的方向转变进行了深入剖析。此外，本章还关注多元协同促进城市空间治理管理的实践与机制，以及城市更新治理向人本化、生态化、数字化模式转型的路径。

第六章从建议与思考的角度，对城市治理理念下城市更新的演进历程进行了回顾与反思。此外，本章也对完善空间治理体系的重点任务与政策建议进行了系统性的梳理，为新发展格局下我国城市高质量发展的路径提供了有益启示。

本书的主旨是为学者、决策者和从业者提供一个全面而深入的视角，以了解城市更新和空间治理在当今世界的重要性和紧迫性。通过对理论与实践的综合分析，本书力求对我国城市更新和空间治理的发展提供理论支撑与实践指南。

在全球范围内，城市更新和空间治理的问题日益凸显，我国作为一个拥有庞大城市群体的国家，如何在快速城市化的背景下实现城市的可持续发展、提高城市管理水平以及优化城市空间结构等问题，已经成为亟待解决的重大课题。因此，本书旨在为解决这些问题提供有益的理论依据和实践经验。

在编写本书过程中，难免存在不足之处。希望广大读者能够给予宽容和理解，也欢迎批评指正，以使本书更加完善。

目录

第一章　城市更新理论概述

第一节　城市更新的内涵

一、城市更新的定义

1953 年，美国住宅经济学家 Miles Cole 率先提出了城市更新的概念，其目的是恢复城市的生命力，提高城市土地的使用效率。1958 年，在荷兰召开的第一次世界城市更新大会上，专家明确指出未来城市改造的重点，即满足人口城市化过程中各类需求，提高城市人口承载力，强化城市中心区土地的作用，重建城市社区，清理贫民区，并改善城市的物质环境与生存条件。同时，他们对城市更新的概念进行了详尽阐述，即城市居民有各种活动需求，如娱乐、购物、出行、居住等，为了创造良好的城市环境，人们会提出一系列的改善要求，这些改善要求是城市更新的关键。

2002 年，彼得·罗伯茨在他的《城市更新手册》中明确指出，城市更新是通过一种整体性、综合性的观念和行动，解决各种城市问题，规划长期可持续的城市发展和改善，特别是针对那些在物质环境、社会和经济方面处于不断变化的城市地区。因此，城市更新是一种全面的、长期的、可持续的城市发展规划和行动。

深圳是我国最早进行城市更新体系探索的城市，关于城市更新的概念，在其 2009 年颁布的《深圳市城市更新办法》中有着明确界定：对城市建成区中的部分区域进行拆除重建、功能改变或综合整治，具体来说，这些区域包括旧屋村、城中村、旧住宅区、旧商业区、旧工业区等。

我国许多城市已经颁布了关于推进城市更新工作的各项政策法规，并开展了一系列实践活动。在推行城市更新政策的城市中，北京、上海、深圳、广州表现最为突出，从各地区执行的《更新条例》中能够看出，北京和广州对城市更新的界定较为一致，即对城市功能与城市空间形态进行优化调整与持续完善，而上海与之略有不同，它提到了对本市建成区的城市功能与空间形态进行可持续改善的建设活动。通常可以将其归纳为两个特点：其一，具有较强的针对性与专门性，针对特定地区与特定事务，通过处理各类城市问题，使得城市病现象得以解决；其二，此类模式为以工程项目导向为主，更加强调短、平、快，使得问题解决的效率得到提高。

《中华人民共和国国民经济和社会发展第十四个五年规划和 2035 年远景目标纲要》明确指出要开展城市更新行动，自此，城市更新上升到国家战略层面。城市更新是一个相对复杂的系统，需要从金融、资本、技术、政策等方面入手，对城市中存在的各类问题进行解决。具体来说，就是将城市整体作为行动对象，以新发展理念引导大众行动，基于城市体验评估，通过对城市规划建设进行统筹管理，促使城市高质量发展得以实现。

城市更新是一种旨在恢复城市生命力和提高城市土地使用效率的概念。它是通过一种综合性、整体性的观念和行动，解决城市在物质环境、社会、经济等方面所面临的各种问题，并为那些处于变化中的城市地区规划长远可持续的发展和改善。城市更新的核心任务是重建城市社区、清理贫民区，进一步强化城市中心区土地的作用，从而改善城市的物质环境与生存条件，提高城市人口承载力，满足人口城市化过程中的各类需求。城市更新的目的是创造一个良好的城市容貌和生活环境，满足居民的各种活动需求，如娱乐、购物、出行、居住等。因此，城市更新是一种全面的、长期的、可持续的城市发展规划和行动。

二、城市更新的目的

城市更新的城市改造并非简单而孤立的，它是从整体角度出发，对城市进行的系统化更新。城市更新会间接地对每一位社会成员产生影响。故此，城市更新需要将自愿部门、地方社区、私人部门、公共部门的工作统筹兼顾起来，进而最大限度地调动他们的主观能动性，同时可以对他们的利益需求加以协调。

提高全体社会成员的生活品质是城市更新的目的。主要体现在如下四个方面，如图 1-1 所示：

图 1-1 城市更新的目的解析

（一）适应就业变化与经济转型的需要

在城市运行与发展的实际过程中，其产业结构与经济结构，需要随着社会经济环境与自身生产要素的变化而做出适当的调整，这在无形中也会对就业产生一定的影响，城市的就业需求变化与经济转型需要通过城市更新得以体现。

（二）促使社会与社区问题得以解决

工业革命的出现，催生了城市化现象的出现，客观上对城市生活环境与人民生活品质提出了更高的要求。在这一过程中，无法避免地出现了各种城市问题，涉及私人、社区、公共部门等。在实施城市更新的过程中，这些问题也会随着各项政策措施的出台而得到有效解决。当然，这些现有问题的缓解与最终解决同样离不开一些必要条件，需要有关部门在城市更新中给予适当支持。

（三）尽量防止出现建筑环境退化的现象，使得新时期的城市发展要求得到满足

城市更新最传统的形式便是对建筑环境进行更新。作为一种有形物体，建筑环境随着时代的发展，不可避免地会出现一些价值磨损与实物磨损，进而对其城市功能的发挥产生影响。尤其是价值磨损，时代在发展，社会在进步，当旧有的建筑环境难以适应社会发展的实际需求时，就需要做出相应的调整。可以说，城市更新与全新的城市建筑环境，为城市未来发展提供了良好的基础。

（四）促使环境质量得以改善，从而保证城市的可持续发展

随着科学技术的不断发展，人类社会的生产力得到大幅提升，工业发展导致人类对自然资源进行肆意开采与利用，客观上造成了自然环境的严重破坏，使城市经济发展受到严重阻碍。城市更新应当充分利用先进的科学技术，对城市环境进行有效改善，从而使人类与自然界之间的矛盾得到有效缓解，为未来城市的可持续发展奠定坚实基础。

三、城市更新的影响因素

城市更新的影响因素是指在城市更新过程中，影响城市更新实施和效果的各种因素。城市更新的影响因素非常复杂，它们相互作用，共同影响城市更新的进程和结果，具体如图 1-2 所示，城市更新的实施需要全面考虑这些因素的相互作用和影响，制定出科学合理的城市更新计划，并保证城市更新的实施效果。

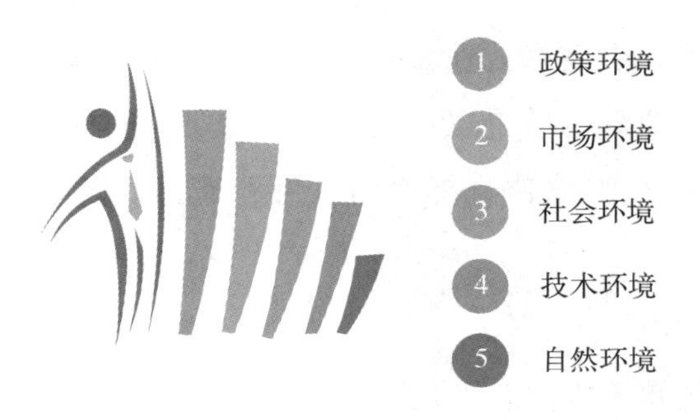

图 1-2　城市更新的影响因素

（一）政策环境

城市更新政策是城市更新的前提和保障。政策的制定和执行会直接影响城市更新的方向、速度和效果。例如，政策的支持程度、政策的适应性、政策的稳定性等。政策的支持程度越高，城市更新的实施就越顺畅，效果也越好。政策的适应性要求政策制定者能够针对不同的城市更新需求，制定相应的政策，才能更好地推进城市更新工作。政策的稳定性则要求政策制定者要具有长远的眼光和战略思维，避免政策的频繁变动给城市更新带来的不利影响。

（二）市场环境

城市更新的实施需要大量的资金和投资，市场环境的变化会对城市更新的资金来源、投资主体、投资规模等产生影响。市场环境的好坏也会直接影响城市更新项目的推进和效果。例如，当市场环境好时，城市更新项目的融资难度相对较小，投资主体更愿意参与其中，资金来源也更加广泛。反之，当市场环境不佳时，城市更新项目的融资难度较大，投资主体的积极性也会受到影响，资金来源也相对较为有限。

（三）社会环境

城市更新的成功需要广泛的社会参与和支持，社会环境的变化会对城市更新的意愿、方式和效果产生影响。例如，居民的参与程度越高，城市更新的效果也会越好。社会资本的积累越多，城市更新的资金来源也就越多，城市更新的效果也会越好。社会支持的程度越高，政策的执行和城市更新的实施就越容易得到认可和支持，城市更新的效果也会越好。

（四）技术环境

城市更新的实施需要各种技术手段和工具的支持，技术环境的变化会对城市更新的效率和质量产生影响。例如，技术的更新和应用可以提高城市更新的效率和质量，减少成本和资源浪费，提高城市更新的可持续性。技术的成本和效益则会影响城市更新项目的融资和可行性分析，对城市更新的进程和效果产生影响。

（五）自然环境

城市更新的实施需要合理利用和保护自然资源，自然环境的变化会对城市更新的可持续性和效果产生影响。例如，自然资源的供给和需求会直接影响城市更新的实施和效果。城市更新需要消耗大量的土地和水资源，而自然资源的供给是有限的，因此城市更新必须合理利用和保护自然资源，确保城市更新的可持续性。环境保护的要求和成本也是影响城市更新的重要因素。城市更新需要遵守环保法规和标准，保护生态环境和生物多样性，以保证城市更新的可持续性。此外，环境保护也需要耗费一定的成本和资源，这也会对城市更新的实施和效果产生影响。

第二节　城市更新的理论依据

城市要想获得可持续发展离不开城市更新，城市更新是城市发展的重要体现。马克思曾指出“经济基础决定上层建筑”，可以说，社会意识是社会物质生活过程及其条件的一种反映，社会意识随着社会物质条件的变化而变化；在城市更新中，城市建筑许多元素一方面体现在建筑形体的替代，另一方面还体现在建筑质地的提升上；城市经济的迅猛发展既能够使居民的生活品质得到提升，又造成了自然环境的破坏等；应当通过城市规划使得土地资源得到合理利用，从而避免造成土地资源的浪费，强调资源集约型经济的建立；目前人类政治与经济生活的中心在城市，现代社会占据主导地位的政治与行政力量的具体体现是城市政策，将现存的各类城市问题处理好，无论是对当代社会还是对未来人类社会而言，都是一件功在当代、利在千秋的大业。

一、城市整体理论

城市政体理论是指在20世纪80年代美国单一的城市治理主体逐步失效后，经由Stephen Elkin（1985）和C. N. Stone（1989）等人对20世纪美国城市发展的案例研究，逐渐发展起来的基于“政府、经济组织和社会力量”三大治理主体的一系列理论方法。该理论认为在城市中，各个利益主体掌握着不同的资源要素，因此需要通过协作形成治理联盟，以实现各方的利益目的。政府、经济组织和社会力量在治理联盟中，利用各自的资源优势，通过协商和协调，达成共识并影响城市治理的决策内容。

城市政体理论强调治理主体之间的权力关系，即政府、经济组织和社会力量在城市发展中的作用和地位。该理论提出了治理主体之间相互依存的观点，认为在城市发展过程中，三大治理主体需要协同合作，达成共识并实现城市发展和治理的目标。

然而，城市政体理论在学术界也受到一定的质疑。一些学者认为该理论过于强调治理主体之间的权力关系，而忽略了城市发展中其他重要因素的作用。因此，在城市治理研究领域，一些新兴的理论，如新区域主义理论，也逐渐受到学者们的关注。不过，城市政体理论作为城市治理理论的重要组成部分，仍然在实践中发挥着重要的作用，为城市的发展和治理提供了理论指导和实践支持。

二、城市治理理论

城市治理理论是指在城市公共事务管理过程中，应用治理理论进行城市共同事务的管理和治理的总体理论。城市治理理论是一个多学科交叉的理论体系，包括政治学、经济学、法学、社会学、心理学等多个学科的理论。它关注城市管理中的组织形式、决策过程、政策实施和效果评估等方面，旨在提高城市公共事务的效率、公正性和可持续性，实现城市的可持续发展。

城市治理理论主要包括以下几个方面。

（1）治理观念与治理体系：治理观念是城市治理理论的基础，它体现了城市治理的理念和目标。治理体系是城市治理的组织形式和决策机制，包括政府、市场、社会组织等多个治理主体的协同作用。

（2）城市治理的决策过程和政策实施：城市治理的决策过程包括政策的制定、实施和评估，需要政府、市场和社会各方面的合作和协调。政策实施需要依靠各种手段和资源，包括信息化、智能化等技术手段。

（3）城市治理的效果评估和调整：城市治理的效果评估是城市治理理论的重要组成部分，通过对城市治理效果的评估和调整，可以不断提高城市治理的质量和效率，实现城市的可持续发展。

在城市更新改造过程中，城市治理理论对于实现城市更新的可持续发展具有重要作用。城市更新需要在政府、市场、社会等多个治理主体的协同作用下进行，依靠多种手段和资源，通过政策的制定和实施来推动城市更新的进程。城市治理理论可以指导城市更新的决策过程和政策实施，提高城市更新的效率、公正性和可持续性，实现城市更新的目标和效果。

三、政策工具理论

城市更新的政策工具理论是指在城市更新过程中，政府或其他治理主体为实现特定的城市更新目标，采取一系列方式和手段的总和。政策工具是政策执行的基本途径，对政策执行效力和目标实现具有重要影响。

市场化工具、工商管理技术和社会化手段是当前主要的政策工具类型，这些工具在城市更新过程中起着推动、拉动和影响作用。政府在城市更新中需要综合考虑各种政策工具的特点和效果，设计和选择合适的政策工具，以实现城市更新的目标。

在城市更新中，政策工具的设计和选择需要根据具体情况进行调整。例如，在吸引社会力量方面，政府可以采用市场化工具，如土地使用权出让、优惠税收政策等，激励社会资本的投入。在规范城市更新行为方面，政府可以采用管理政策工具，如土地利用总体规划、建设用地管制等，加强对城市更新行为的监管和规范。在推动城市更新发展方面，政府可以采用社会化手段，如政府和社会组织合作、市民参与等，促进城市更新的公众参与和民主治理。

第三节　城市更新的基本内容、分类和方式

一、城市更新的基本内容

城市更新作为城市发展的重要战略手段，涵盖了众多的领域和方面，其中包括城市产业结构、城市规划、城市经济、社会文化等。为了有效

推动城市更新的实施，必须对城市更新的基本内容进行深入探究和分析。其具体内容如图 1-3 所示。

（一）城市产业结构调整与主导产业选择

城市产业结构是指城市经济中不同产业的组成和比重。在城市更新中，需要进行产业结构调整和主导产业选择，以适应城市发展的需要。首先，要对城市产业结构进行分析和评估，了解不同产业的发展潜力和特点。然后，确定主导产业，即在城市经济中发挥主导作用的产业，制定相应的政策和措施，支持主导产业的发展，促进城市经济的升级和转型。

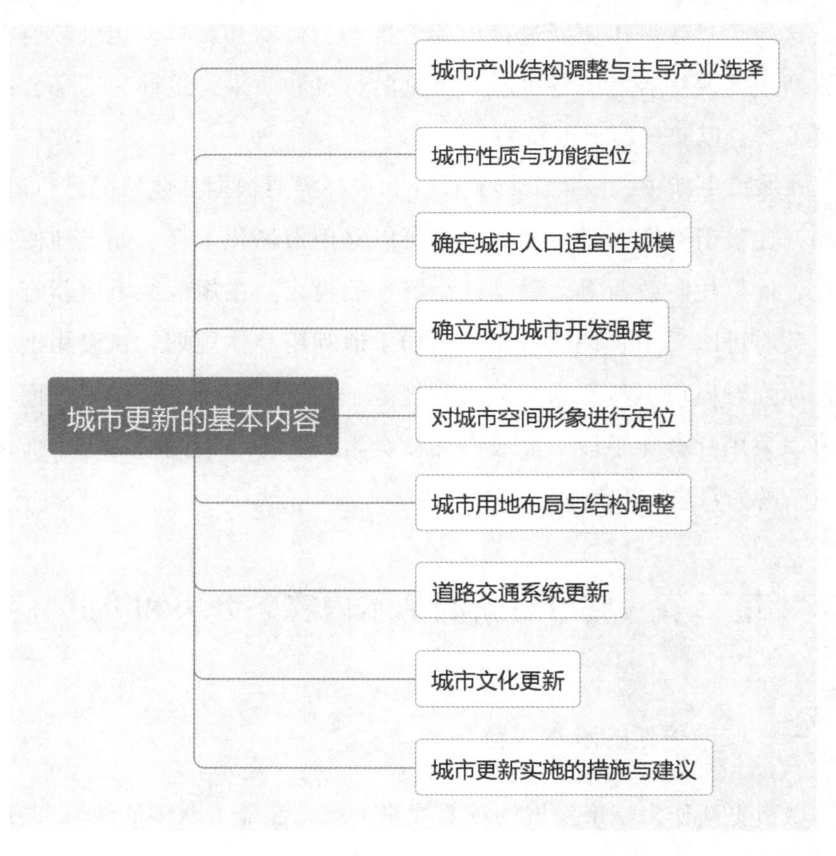

图 1-3　城市更新的基本内容

（二）城市性质与功能定位

城市的性质和功能定位是指城市的定位和定位所涵盖的功能范围。在城市更新中，需要根据城市的地理位置、资源禀赋和发展需求，确定城市的性质和功能定位，以指导城市的发展方向和规划。

（三）确定城市人口适宜性规模

城市人口适宜性规模是指城市所能承载的最适宜人口数量。在城市更新中，需要考虑城市的资源环境承载能力和社会经济发展需求，确定城市人口适宜性规模，以保障城市的可持续发展。

（四）确立成功城市开发强度

城市开发强度是指城市用地开发和建设的强度和密度。在城市更新中，需要根据城市的用地规划和发展需求，确定适宜的城市开发强度，以保障城市的空间利用效率和生态环境的保护。

（五）对城市空间形象进行定位

城市空间形象是指城市在空间上所呈现的外观和形态。在城市更新中，需要对城市空间形象进行定位，明确城市形象的定位方向和目标，以促进城市形象的改善和提升。

（六）城市用地布局与结构调整

城市用地布局与结构是指城市用地的分布和布局形式。在城市更新中，需要进行用地布局和结构调整，以优化城市用地结构，提高城市用地利用效率，并实现城市发展和环境保护的协调。

（七）道路交通系统更新

道路交通系统是城市交通的重要组成部分，对城市的交通流动和经济社会发展具有重要作用。在城市更新中，需要对道路交通系统进行更新和优化，以提高城市交通效率和交通安全。

（八）城市文化更新

城市文化是城市的软实力，是城市吸引力和竞争力的重要因素。在城市更新中，需要进行城市文化更新，强化城市的文化特色和形象，以提高城市的吸引力和竞争力。可以通过文化产业的发展、文化设施的建设等方式来推动城市文化的更新。

（九）城市更新实施的措施与建议

城市更新实施的措施和建议是指具体的实施方案和措施，包括政策、技术、管理等方面的建议和推荐。在城市更新中，需要制定相应的实施方案和措施，以确保城市更新的实施效果和成效。可以通过政策引导、技术支持、管理措施等方式来推动城市更新的实施。

二、城市更新的分类

（一）按照城市更新的改造程度划分

按照城市更新改造程度进行划分，大致可以分为综合整治类、改建完善类与拆除重建类三种类型，如图 1-4 所示。

图 1-4　城市更新改造程度划分

1. 综合整治类

所谓综合整治类项目指的是与房屋结构的改造与拆除并无关联，其更新与整治的主要对象是住宅区的周边环境与配套设施。从定义角度出发，三种改造类型中力度最弱的一项便是综合整治类项目，其主要目的

在于对城市现状功能加以完善，消除安全隐患等，通常来说，在改造过程中，建筑面积不会有所增加。通过分析大量具体案例，不难发现，公园再生、河道整治、老旧小区改造等均属于整合整治类项目。

以北京市九棵树街道云景里老旧小区综合整治项目为例，加装电梯、更新窗户及上下水管道等，均是云景里小区综合整治工程的内容。

2. 改建完善类

改建完善类项目的改造对象大多为片区，其主要特征表现为土地利用率较低与集约使用原则不相符、建筑使用功能确需改变、原有用地权属或性质需要变更、公共服务设施和基础设施无法满足城市发展需求、其等级缺失或较低等。在改造过程中，要求不改变原有建筑格局，通过采取一种或是多种措施，诸如改变功能、局部拆除、扩建、加建、改建等，使得片区得以完善的一种改造类型。房地产企业参与投资建设的主要方式为项目运营及项目改造，项目经过改造后，可以进行商业地产运营。

以山东潍坊美丽街景智慧公厕提升项目为例，为了解决城市中心区市民如厕难、分布不均衡、公厕数量偏少的问题，规划建设了数十座智慧公厕，既方便了使用者，又美化了城市环境。

3. 拆除重建类

拆除重建类项目的改造对象是对于严重影响城市整体发展格局、属于城中村和棚户区、建筑年久失修、权利主体意愿强烈、存在严重安全隐患，即使通过改建完善或是整治提升仍然无法满足城市发展需要的片区。改造措施为对大部分或者全部原有建筑进行拆除，并根据规划进行重新建设。与前两者相比，拆除重建类项目在房企参与度与改造力度方面表现最为明显。

以深圳市大冲村旧村改造项目为例，其改造目标为高新技术产业发展的后勤服务基地。整体改造面积为68.5万平方米，改造后的平均容积率为2.71，项目改造完成后，其功能得到进一步完善，既包括一般的公寓、居住，同时又增加了其他辅助功能，诸如与之相关的专业展场、部分研发孵化、休闲、文化以及商业等。

（二）按照城市更新项目收益性划分

按照城市更新项目收益性进行划分，大致可以分为非经营性项目、准经营性项目、经营性项目三种类型，如图1–5所示。

图1–5 城市更新项目收益性划分

1. 非经营性项目

非经营性项目属于纯公益性项目，而非营利性项目。通常来说，此类项目的执行，政府部门在其中发挥着主导作用，其建设资金大多来自政府财政支出。其中，环境综合整治项目、老旧小区改造项目都是具有代表性的典型项目，具体内容涉及“改善消防设施、改善基础设施和公共服务设施、改善沿街立面、环境整治和既有建筑节能改造”等，该项目提供的一切产品均不可向使用者收取任何费用。

由于当前地方政府财政压力过大，难以将大量资金投入到这些项目建设中，故此通常会以匹配外部资源的方式，促使捆绑后项目的经营性收入能力有所提高，客观上使得项目的可融资性得到提升，吸引大量社

会资本参与其中，在落实项目执行过程中，也可以在一定程度上缓解政府的财政压力。

2. 准经营性项目

与非经营性项目相比，准经营性项目在一定程度上可以获得一定的经营性收入，但是这些收入难以将前期全部投资成本收回，为了实现投资平衡，需要地方政府提供适当的资源。具体来说，新型城镇基础设施建设项目、历史文化街区保护项目、公共服务设施的新建改造项目及公用工程项目等属于准经营性项目的类型。该项目提供的主要产品分别为公共产品与准公共产品，此外还包括私人产品及以上三者的组合。

目前而言，城市更新项目的主打是准经营性项目，该项目是一种介于完全公益化与完全市场化之间的项目类型。该项目投融资方式具有多样化特征，涉及多种政企合作模式，即 PPP、地方政府专项债、平台公司融资等。在具体实践活动中，这一项目大多是经营性项目与非经营项目的组合。举例说明，在老旧小区的提升改造项目中，将带有一定收益性的公共服务设施的附属设施加建以及纯公益性的基础设施改善组合在一起，建设项目投入使用后，允许实施主体通过一定的方式获得经营性收入，包括商业（商铺）运营、物业运营收入、生活污水处理、饮用水供应，从而使得项目前期投入成本得以收回，剩余无法收回的部分将以财政资金补贴的形式给予一定的补偿。

3. 经营性项目

经营性项目本质上属于一种“自平衡”项目，能够通过一定的经营性收入，使得项目前期投入成本全部收回。这一类型的项目地方政府通常不直接参与投资经营，在项目的建设与运营过程中仅仅发挥制度保障作用，确保公共利益不受损害。举例说明，政府以出让土地的方式使得居民的利益得到保障，通过制定规划的方式，对公益设施、开发强度的比例进行约定等等。此类项目中极具代表性的项目包括广东“三旧改造”类项目，该项目的主要产出形式为私人产品，次要形式为公共产品。

经营性城市更新项目中的社会主体自主开发，政企合作 PPP 等是其主要的投资方式。从地方政府角度出发，经营性的城市更新项目一方面可以有效缓解地方政府的财政压力，另一方面还可以吸引大量社会资本参与其中，使市场主体活力得以激活，借助这些社会投资方雄厚的资金实力，以及专业的技术与丰富的经验，能够在很大程度上推动项目的顺利实施。从社会投资者角度出发，经营性城市更新项目具有可融资性强、收益稳定且长期的特点，是社会投资者参与城市开发建设的关键渠道。

三、城市更新的方式

通常来说，城市更新方式大致可以分为三种类型，即再开发（redevelopment）、整治改善（rehabilitation）及保护（conservation）。如图 1–6 所示。

图 1–6　城市更新方式类型

（一）再开发

再开发的对象一般指的是城市生活环境要素，如市政设施、公共服务设施、建筑物等的质量全面恶化的地区。上述要素难以通过其他方式重新适应城市发展需求。此类不适应一方面妨碍了经济活动的正常开展以及城市的未来发展，另一方还使得居民的生活品质不断下降。故此，必须对原有建筑物进行拆除，并从整体角度出发，对整个地区进行重新规划与调整。其中对于旧城区的改造内容应当涉及城市空间景观、停车场地的设置、新建或者拓宽原有街道、设置或保留公共活动空间、建筑物的规模与用途等。在此之前，要求全面做好现状调查，包括本地区以及相邻地区的实际情况。建筑重建是一种最为彻底的城市更新方式，但是这种方式均可能对不同方面产生不利以及有利的影响，包括在社会环境和社会结构的变动方面、在城市景观和空间环境方面。与此同时，其具有较大的投资风险，故此只有在确定没有任何其他方式可以替代时才可以采用。

（二）整治改善

通常来说，我们将其他市政设施和建筑物尚可使用，但是因年久失修而出现的环境不佳、建筑破损、设施老化的地区视为整治改善的对象。对整治改善地区也应当进行详细的分析与调查，通常可以将其分为如下三种情况。

（1）如果建筑物经过一定的更新、改善与维修设备之后，在未来一段时间内还能够继续使用，那么应当根据不同建筑物的实际情况进行改建。

（2）当建筑物遇到部分情况时，则需要具体问题具体分析，采取与之相对应的措施使问题得以解决，例如更改土地与建筑用途，拆除部分建筑物等。具体情况大致可以分为四种：其一，建筑物或土地使用不当，其二，因建筑物或土地使用不当所导致的通行不畅、交通拥堵等情况，其三，建筑物密度过大，其四，建筑物通过更新、改善、维修设备后仍然无法正常使用。

（3）当公共服务设施的布局不当或者缺乏成为该地区的主要问题时，

则应当对该地区的公共服务设施的布局与配置进行重新调整或增加。

与重建相比，整治改善所需要花费的时间相对较短，也能够在一定程度上使安置居民的压力有所减轻，投入的资金也相对比较少，此类方式对于那些无须重建，仅需通过更新便能恢复使用的建筑物或地区较为适用。改善旧城区居民的生活环境，防止城区继续衰败，是整治改善的最终目的。

2020 年 6 月 8 日，山东省菏泽市开始实施城市品质提升三年行动，并将此次城市更新细化为 8 个专项提升项目，包括空气洁净、蓝绿空间、风貌特色等。2019 年 1 月 7 日，为了推进城市更新，菏泽市政府与中美华尔集团针对单县浮龙湖旅游开发、菏泽市古城以及菏泽市牡丹园文化开发建设相关事宜进行了考察洽谈。基于此，双方于 2019 年 2 月在北京签署了战略合作协议，促使菏泽市的城市商业更新、特色产业小镇、文化旅游目的地落地以及菏泽市的城市更新得以推进，同时也带动了菏泽市的全域旅游发展。

（三）保护

对于环境状况或历史环境保持良好的地区比较适宜采用保护措施。在众多城市更新方式中，环境能耗最低、社会结构变化最小的方式便是保护。从本质上看，保护属于预防性措施，在历史地区和历史城市比较适用。

外部环境是历史地区保护最为关心的部分，对于历史地区居民的生活应当给予足够的重视。故此，应当对真实的历史遗存、历史城区的整体环境与传统风貌给予一定的保护。最大限度地确保当地居民生活条件得到改善，鼓励他们积极参与到地段内基础设施的改善与建设中来，从而更好地适应现代化生活的需要。除了需要对物质形态环境加以改善之外，还应提出相应规定来对建筑物用途及其合理分配与布局，人口密度、建筑密度进行限制。

第四节 城市更新的基本特征

从本质上看，当代社会的城市更新，与以往的城市翻新、城市改扩建、城市维修有所区别，具体体现在以下五个方面，如图 1–7 所示。

第一，城市更新实质上是一种干预活动。城市由初步建成到发展成熟有其内在规律，市场在城市发展中发挥着一定作用。从市场角度出发，所谓城市更新指的是改变城市已有的发展方向，通过对市场力量大小与结构进行调整，使得城市的发展内容与发展速度发生改变，故此，我们认为这是一种尤为明显的外部干预。城市更新政策的制定者应当对城市运行与发展的客观规律有所了解与掌握，只有这样，才能制定出科学合理的政策与实施方案，促使城市更新达到预期效果。

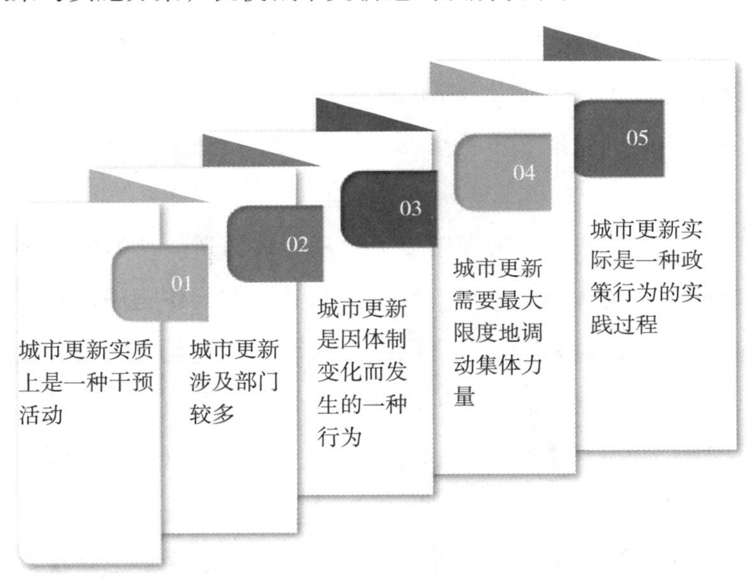

图 1–7 当代社会的城市更新与以往的区别

第二，城市更新涉及部门较多。其下设众多政府职能部门，同时也涉及私人与社区部门。从整体上看，城市更新是一个具有复杂性、系统性的行为，在具体的实施过程中，会影响到社会各方面的利益分配关系，因此，在推进城市更新建设工作时，需要兼顾到社会方方面面的利益，认真听取各方合理意见与建议，使其能够从中获益；从某种角度出发，城市更新应当是一个多方共赢的行为，最大限度地激发出社区部门的工作积极性，发挥其纽带作用，将私人部门与公共部门的利益有机地结合在一起。

第三，城市更新是因体制变化而发生的一种行为。从本质上看，城市更新是一种反映，其反映对象是处于变化状态中的政治、经济、社会、环境等状况。一座城市在一定程度上可以反映该地区集聚的经济活动发展状况，不同的城市组织形态基于具有差异性的城市要素结构得以形成，并且发挥着各自的城市组织功能。每当城市的政治、经济、社会与环境状况发生改变时，这座城市的组织形式与组织功能也会发生相应的变化，从而为城市更新注入新动力。城市更新的关键在于通过机制的重新设计，促使多方主体的利益能够平衡重新分配。城市发展重新分配的常态过程就是城市更新。

第四，城市更新需要最大限度地调动集体力量。从而使得多方能够共同协商解决方案。通常来说，城市运行的内容会伴随城市更新而发生不同程度的变化，对私人、社区以及公共部门的利益产生或大或小的影响。鉴于此，城市更新具有多种属性与功能，一方面是利益最大化方案的制定途径，个人利益的协调平台，另一方面又可以最大限度地发挥集体力量、凝聚人心。

第五，城市更新实际是一种政策行为的实践过程。这些政策与行为的目的在于促使支持相关建议的体制得以发展，使得城市地区条件得以

改善。从经济资源优化配置视角出发，当城市发展过程中出现政治、经济、社会、环境状况的变化时，其城市生产要求的构成形态也会随之发生一定的改变，以适应城市发展需求，如果从城市更新层面分析，这种变化体现在不同时期的政策与方式的差异方面，其本质就是通过城市更新适应人们不同时期的具体需求，从而促使人民的生活品质得到提高。

第五节　国内外城市更新实践经验与启示

一、国外城市更新经验与启示

从国外城市更新对比角度来看，对不同国家与地区城市更新的发展特点进行分析，对国外的城市更新发展趋势加以了解，并对国外城市更新的实践启示进行总结，从而更好地为我国城市更新提供经验借鉴。

（一）国外城市更新的特点

通过对新加坡、日本、韩国、澳大利亚、荷兰、西班牙、法国、德国、美国、英国等地区与国家的城市更新历史进行总结，分别从各国或地区的治理结构、政策体系、法律法规等角度进行详细分析，总结出各个国家城市更新的主要特点，具体内容如图 1–8 所示。

特点一
建立完善的政策法规体系

特点二
因地制宜的规划管理

特点三
创新城市更新组织模式

图 1–8　国外城市更新的特点

1. 建立完善的政策法规体系

不同国家和地区的城市更新都有其具体的政策法律体系。城市更新政策已经一跃成为国家或地区的政策要点与最高战略，在国家或地区最高权力机关设置专门的领导机构，使得综合统筹的顶层设计得以形成，进一步明确城市更新的资金安排、协作部门、主管部门以及战略模式。从制度体系角度出发，使得以城市更新管理法规为核心、相关专项配套的法律体系得以建立，不同地区结合本地实际情况进行配套，在一定程度上确保城市更新的实施、公众参与、产权收拢以及土地出让环节均能做到有法可依。

2. 因地制宜的规划管理

在实施城市更新行动的过程中，需要社会不同领域的共同参与，为了使城市更新行动能够顺利执行，各地区或各国家都制定了较为灵活的规划制度。具体来说，为了向城市提供灵活且充足的可支配建设发展空间，部分国家或地区允许特定范围内一定比例的土地用途变更弹性，据悉，英国、日本、新加坡等国家均采用的是土地用途弹性变更制度；为了吸引社会资本参与到城市更新项目中来，部分国家或地区针对不同区域的不同建筑内容实施了差别化的容积率奖励，并制定了详细的管理办法，据悉，日本、美国、英国等均采用的是容积率奖励制度。除此之外，不同地区均有政策优惠更新区，针对城市中的历史文化街区、特色功能区、重点开发区以及城市中心区等具有特别价值的地域，以“目标＋手段”组合的方式，使得一系列法定的鼓励与优惠措施得以制定，如英国企业区、美国的特别区等。不同的国家与地区均根据自身的实际情况，因地制宜地制定了相关规划制度，从而确保了城市更新行动的顺利进行。

3. 创新城市更新组织模式

欧美国家的城市更新组织模式大致经历了三个发展阶段，一是以中央政府与地方政府为主的方式，二是以政府与私人投资合作为主的方式，三是以地方团体、私人部门与政府部门三方共同合作为主的方式。自 20 世纪 90 年代以来，国外的国家和地区均表现出统一的发展趋势，即由“官办为主”转为“官促民办”的发展趋势。政府最大限度地将权利让渡出来，而将城市更新开发实施的重担转交给开发商。客观上使得政府先行制订城市更新计划与“民申官审”结合在一起。而使城市更新路径方式发生转变，成为一种自下而上的需求导向型。与此同时，在这一过程中，政府不再充当主要角色，而是作为服务者的身份继续参与城市更新行动中，具体来说，政府的主要责任包括历史文化保护、少数群体利益保障、法律救济、利益协调、信息汇总、监督管理等。此类公私协作的方式，很大程度上使得政府经济成本得以减少，从另一个角度来看，市场与政府之间的矛盾得到了有效缓解，促使城市更新的效率得到大幅提升。

（二）国外城市更新实践的启示

城市更新是城市发展的重要环节，关系到城市的未来和发展。国外城市更新实践的启示如图 1–9 所示。

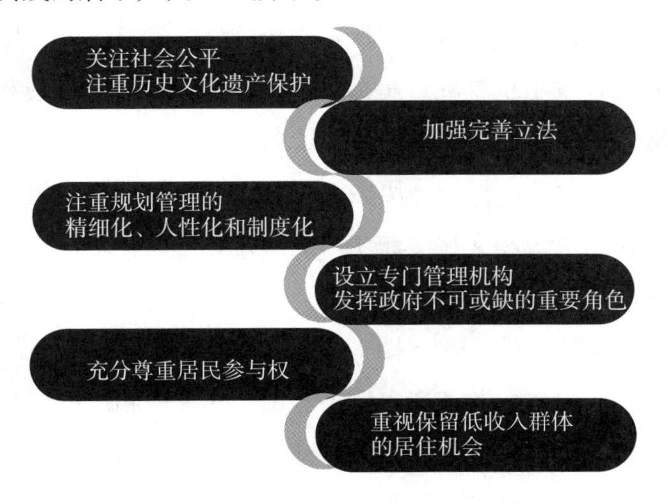

图 1–9　国外城市更新实践的启示

1. 关注社会公平，注重历史文化遗产保护

城市更新实践中，关注社会公平和历史文化遗产保护是不可或缺的两个方面。在国外城市更新实践中，这两个方面已经得到了越来越多的关注和重视，并取得了不俗的成果。

（1）社会公平。城市更新往往涉及城市中的弱势群体，包括低收入者、老年人、残障人士等，这些人群通常需要政府的保障和帮助。国外城市更新实践中，政府注重保障弱势群体的利益，采取了一系列措施来保障他们的生计和住房需求。

政府注重保障低收入者的住房需求。在美国、加拿大等国，政府会提供低收入者住房补贴，以确保他们能够在城市更新后继续居住在原来的社区。此外，政府还会借助社区组织等渠道，与低收入者进行沟通和协商，听取他们的意见和建议，从而更好地保障他们的利益。

在欧洲等地，政府会建设一系列适合老年人和残障人士居住的住房设施和公共设施，例如带有无障碍设施的公共交通、医疗机构和公共休闲场所等。这些设施和设备的建设可以提高老年人和残障人士的生活质量，提高他们的社会参与度。在保障弱势群体的利益方面，国外城市更新实践为我们提供了重要的启示。我们需要注重弱势群体的利益，采取相应的措施，保障他们的住房需求和生计问题。

（2）历史文化遗产保护。历史文化遗产是城市的重要组成部分，它们代表了城市的历史和文化。在城市更新过程中，保护历史文化遗产是一项重要任务。国外城市更新实践中，政府和社会各界注重历史文化遗产的保护，采取了一系列措施来保护历史文化遗产。

政府会将历史文化遗产列入保护范围，并采取相应的保护措施。在欧洲等国家，政府会将历史文化遗产列入世界文化遗产名录，以提高其在全球范围内的知名度和保护程度。同时，政府会制定相应的保护法规和规划，以确保历史文化遗产得到妥善保护。

在欧洲等地，政府会投资修缮历史建筑和古迹，以保护这些建筑和古迹的历史价值和文化意义。此外，政府还会鼓励私人投资者参与历史文化遗产的保护和修复，以提高社会各界对历史文化遗产保护的意识和参与度。

通过规划管理等手段，控制城市更新对历史文化遗产的影响。例如，在欧洲等地，政府会制定历史建筑和古迹周边的保护区规划，以确保城市更新不会对这些历史文化遗产造成负面影响。

在保护历史文化遗产方面，国外城市更新实践为我们提供了重要的启示。我们需要将历史文化遗产列入保护范围，采取相应的保护措施，并通过公共投资和私人投资来支持历史文化遗产的保护和修复。同时，我们还需要通过规划管理等手段来控制城市更新对历史文化遗产的影响。

2. 加强完善立法

城市更新涉及诸多法律法规，包括土地规划、环境保护、建筑安全等方面的法规。国外城市更新实践中，政府和社会各界注重完善城市更新相关的法律法规，以确保城市更新的合法性和公正性。

政府会通过立法来规范城市更新的各个方面。政府会通过土地利用法规和建筑法规等法律法规，规范城市更新的土地利用和建筑安全等方面。同时，政府还会制定环境保护法规，以确保城市更新对环境的影响符合相关法律法规的要求。在欧洲等地，政府会制定城市更新的相关政策和标准，以确保城市更新符合相关的环保标准和安全标准等。在美国等国家，政府会建立城市更新的审批和监管机制，确保城市更新的各个环节符合相关法律法规的要求。此外，政府还会加强对城市更新项目的监督和评估，以确保城市更新的合法性和公正性。

在加强完善立法方面，国外城市更新实践为我们提供了重要的启示。

我们需要通过立法和政策等手段，规范城市更新的各个方面，确保城市更新符合相关法律法规的要求。此外，我们还需要加强对城市更新项目的监督和评估，以确保城市更新的合法性和公正性。

3. 注重规划管理的精细化、人性化和制度化

规划管理是城市更新实践中的重要环节。国外城市更新实践中，政府和社会各界注重规划管理的精细化人性化和制度化，以确保城市更新的顺利进行。

政府注重规划管理的精细化和人性化。在欧洲等地，政府会通过市民参与和社区组织等渠道，听取市民的意见和建议，以确保城市更新的方案符合市民的需求和利益。此外，政府还会注重规划管理的精细化，通过科学的城市规划和管理，使城市更新的方案更加科学合理。

在美国等国家，政府会建立一套完整的城市更新规划和管理制度，包括规划编制、审批、执行和监管等各个环节。此外，政府还会建立城市更新的管理机构和专业团队，以确保城市更新的规划和管理工作能够得到有效的实施和监管。

在注重规划管理的精细化人性化和制度化方面，国外城市更新实践为我们提供了重要的启示。我们需要通过市民参与和社区组织等渠道，听取市民的意见和建议，以确保城市更新的方案符合市民的需求和利益。同时，我们还需要建立完整的城市更新规划和管理制度，建立城市更新的管理机构和专业团队，以确保城市更新的规划和管理工作能够得到有效的实施和监管。

4. 设立专门的管理机构，发挥政府不可或缺的重要角色

通过分析国外城市更新经验，发现国外通常采取设立专门管理机构的方式，使得城市更新工作得以顺利推进，诸如美国城市更新署的成立，英国城市发展公司的成立等。由此可见，即便是在自由的市场经济条件

下，仍然离不开政府专门管理机构的大力支持。在城市更新的过程中，政府作为统筹各方利益的主体，可以通过自身的公信力，对各方利益群体进行组织协调，从而促使城市更新中遇到的各类问题得到有效解决。

5. 充分尊重居民参与权

居民参与权在国外城市更新过程中得到充分尊重。政府对于城市更新的社会参与与规划引领极为重视。通过集思广益平台的搭建，让利益相关者、有责任的组织、专业学者都能够积极参与到城市更新的规划设计中。例如，美国纽约城市更新过程中，当地规划部门会集思广益，最大限度地听取当地居民和社区委员会提出的意见与建议，并结合他们的诉求进行城市更新设计规划，使居民的参与权得到充分尊重。在日本，市级建设局通过设立未来都市推进课的方式，实现城市更新的规划设计，具体来说，邀请城市建设专业机构，对城市未来的区域发展规划进行周密研究，从而形成初步规划。为了进一步明确规划内容，需要召开听证会，将居民、利益相关者、企业界人士、学界人士等召集在一起，进行充分的沟通与探讨，使得城市更新规划设计方案得以最终确定。

6. 重视保留低收入群体的居住机会

“以人为本”的设计理念在国外城市更新中得到充分彰显，具体体现在对弱势群体利益的关注与保护方面。例如，美国纽约的城市更新对低收入人群居住权的保护尤为关注，但是这种保护并非完全不考虑开发商利益，需要通过一系列的措施最大限度地使得双方利益都不受到太大损害，如引导业主方与开发商保留一定比例的廉租房，通常采取的是部分增加容积率、低息贷款、税收优惠的方式。政府充分考虑到各阶层群体的利益，提供多种住房选择，如采用增减微型住房措施的城市有圣路易斯、费城、巴塞罗那、波士顿等，其房屋面积一般设计为 28 ～ 55m^2，并配建有较大的公共区域，包括公共就餐空间、娱乐空间以及工作空间等。通常来说，此类用房适用于创新领域的年轻群体、本地居民与移民工人；除此之外，政府还给低收入居住者一定的政府补贴，并对物业管理费进行一定的减免，从而使得当地低收入群体的居住需求得到满足。

二、我国城市更新的经验及启示

本节笔者对国内具有代表性的特大城市实践经验进行了分析与总结，为国内其他城市的城市更新提供参考与借鉴。城市要走上高质量发展道路离不开城市更新，是城市发展由增量扩张向存量提质进行转变的必然要求。目前我国新一轮的新型城镇化的重要内容便是城市更新。特大城市要与一些新型城市建设相结合，诸如绿色城市、人文城市、海绵城市、韧性城市等，不断对存量进行挖掘，好好地对增量加以利用，通过向其他城市学习好的做法与经验，在城市更新建设中充分发挥示范作用，促使城市的高效能治理、高品质生活、高质量发展得到有效推动。

（一）上海模式：政府主导的多方协同

上海市是我国首座在全域范围开展建设用地减量化政策的城市，与其他城市相比，上海的城市更新行动实施较早，并已成功将城市更新的短期效应转化为长期效应，实现了可持续发展。就目前而言，城市更新已由精细化管理取代了以往的大规模拆建，全力打造一座“有温度的城市”与“全球城市”。对上海城市更新的发展脉络进行梳理，发现其具有以下几个特点。

其一，把城市更新纳入城市总体规划。《上海市城市总体规划（2017—2035年）》中提出“推动城市更新”，使“集约紧凑、功能复合、低碳高效”的空间利用目标得以进一步明确；通过印发《上海市城市更新规划土地实施细则》，使工作流程得以不断细化。

其二，促使多级联动的城市更新组织体系得以完善与健全。成立上

海市城市更新工作领导小组，其日常管理工作由上海市规划和自然资源局负责，相关配套政策与专业标准的制定由上海市相关管理部门负责，而项目实施的推进工作则由各区人民政府负责。依托上海地产集团这一市属国有企业，使得上海市城市更新中心得以设立，对“政企合作、市区联手、以区为主”的城市更新模式进行探索。

其三，对多方协同的融资渠道进行拓展。其主要资金来源包括财政专项资金、征收收入及收益、公有住房出售、土地出让收入等，其中，为了对历史风貌保护地块及其周边基础设施建设进行支持，专门设立了上海市历史风貌保护及城市更新专项资金。

其四，转换城市更新思路，由“留改拆”取代“拆改留”。严格遵循“一楼一方案”“一小区一方案”的原则，通过采用整体拆除重建、扩建、成套改造、“一平方”工程相结合的方法，最大限度地对老旧小区进行改造，使得居民生活品质得到提升，对于极具保留价值的老房屋而言，通常采取内部整体性保护措施。

其五，强调提升市民生活体验的“微更新”。执行“行走上海——城市空间微更新计划”，让专业设计团队参与到适老化改造与社区的重新设计中来，对老年人居住环境进行完善，诸如社区花园、健身活动区、衣被晾晒区的增设等。

其六，促使城市生态产品供给与城市生态修复得以加强。对苏州河等流域进行生态治理，结合不同河段独有的人文景观进行功能节点的打造，使得一河两岸的“长藤结瓜”空间格局得以形成；在老工业基地开展绿色生态城区建设试点，如宝山、桃浦等，改建、新建绿色建筑，使开放式绿地与园林景观得以修建。

（二）深圳模式：强区放权与企业助力产城融合

2009 年 10 月，我国深圳地区颁布全国首部《城市更新办法》，在国内首次正式引入“城市更新”理念。截至目前，深圳已经在城市更新的道路上探索了十余年，这期间大致经历了三个阶段，即探索阶段、发展阶段、变革阶段。总的来说，深圳在由传统旧城改造转向城市更新的过程中总结了丰富的实践经验。

使精准、科学的政府调控体系得以建立。大力推进“强区放权”改革，成立区级城市更新局，将大部分城市更新项目审批职权下放至各城区，使得城市更新的技术体系得以不断完善。与此同时，为避免碎片化现象的出现，深圳市在福田区进行了三级管控体系的探索，即“区级—片区级—更新单元”，在进行更新统筹规划的制定过程中，充分考虑更新单元、重点片区以及区级三级的实际情况，为了使得规划框架更加完善，还需要与城市更新的专项规划及城市总体规划等上位规划加以衔接。

争取先行先试，获准开展多项土地管理改革探索。由深圳市政府批准除国务院授权的永久基本农田以外的农用地转为建设用地的审批事项；支持在符合国土空间规划要求前提下，积极推进二三产混合用地改革；支持盘活利用存量工业用地，对历史遗留用地、收益分配、土地供应、规划调整等问题加以探索与解决。特别是针对利用法律途径解决拆除补偿的探索，使“钉子户”现象得到有效解决。

打造城市更新样本，助推“产城融合”。其中，城市更新“产城融合”的典范包括山厦工业区、华侨城创意文化园等地，市场主体在此期间发生了较大变化，由以往的只有本地银行与企业参与，逐渐发展到了各类金融机构与全国企业全面参与的新局面。深圳在城市更新领域的率先垂范，促使建筑用地供应得以不断增加，产业转型升级得以不断推动，经济的新旧动能转换得以实现。同时，注重市场主体积极性的发挥。深圳在国内率先创新城市更新项目出让模式，仅以协议出让的方式便可实现土地使用权得以出让，采用一二级土地市场联动开发模式，使得开发商的积极性与主动性得以充分调动，更好地将政府在政策、规划方面的支持与引导作用发挥出来。

高度重视公共利益的保障。对“保证公共利益用地优先落实”的政策要求加以明确，在城市更新项目中应当鼓励增加部分区域，诸如开放空间、公共绿地等。坚持减“量”换“地”、以“量”换“地”的原则，使得城市更新项目与公共利益用地结合起来，客观上对公共利益用地的空间统筹进行强化。

（三）广州模式：“政府—企业—居民”多方协作

认真落实党中央提出的土地利用要求，即盘活存量、严控增量，使得存量土地利用低效与新增建设用地资源短缺之间的矛盾得到有效缓解，广州市将城市更新上升为一种城市发展战略，经过十余年的探索与发展，取得了显著成效。

完善城市更新政策体系。系统构建“1+1+N”政策体系，涉及配套政策文件、工作方案、实施意见，从而使得城市更新的各项计划方案等得以制定，具体包括十年改造规划、五年行动方案以及三年实施计划，开展针对“散乱污”场所、黑臭水体、违法建设的“三乱”整治，物流园区、专业批发市场、村级工业园的“三园”转型，以及针对旧村庄、旧厂房、旧城镇的“三旧”改造九项重点工作，将旧有的权属边界分割打破，形成一套政策“组合拳”。

以主导产业赋能产城融合。率先对城市更新三大产业圈层进行划定，使得城市总建设量与城市更新单元产业建设量之间的占比“底线”得以划定，最大限度保障产业用地供应。促使现代服务业、文化产业与科技创新产业进入到城市更新行动中，将存量低效的旧厂房盘活，使“去房地产化”得以不断推进，充分发挥产业链优势，尽可能地使建设急功近利、资源分布不均、开发碎片化等问题得以避免。

创新存量土地更新机制。有序推进城中村改造，鼓励旧村改造采用先收购房屋、后回购的方式进行补偿，试行片区的详细规划修改方案和策划方案同步编制、同步审批，在很大程度上提高了城市更新工作推进的效率。对历史用地处置细则加以完善，分类制定“工改商”“工改工”等改造项目的各类标准，具体包括交由政府收储的补偿标准以及土地出让金缴纳标准。全力推进集体产业用地治理，在这一过程中，规划主导与利益调节的主体发生了转变，由政府取代村集体。

提出“中改造”概念，为城市更新探索出一条新的发展路径。基于片区的“微改造”创造性模式与旧有物业拆除模式，提出了“中改造”的更新模式，这种模式一方面使得传统旧城区能够重新焕发生机，另一方面通过区域重新布局等方式使得旧城区的改造空间得以挖掘，客观上保证旧城区的优势特色得以发挥，具体包括教育与医疗资源比较集中、产业基础雄厚等，通过这一模式，极大改善了人民的居住环境，进一步优化了区域功能，使得旧城区重现昔日生机与活力。

鼓励公众参与。在推进城市更新的过程中，强调人民群体在城市更新中发挥的重要作用，最大限度地凝聚民心、汇集民智、倾听民声，从而使得“共建共治共享”的社会治理格局得以构建。鼓励居民积极参与城市更新行动，广州白云区大源村等老旧小区改造的过程中，使社区设计师参与其中，本地居民可以借助社区搭建的议事平台进行交流与沟通，及时提出各种关于旧城区改造的意见与建议，以多元化的城市更新方式使得一个开放包容、社会关系融洽的城市得以形成，进而构建出一个全新的社会治理体系。

（四）国内城市更新的经验

国内城市更新的经验如图 1–10 所示。

1.建章立制，健全城市更新政策体系

2.激活市场活力，探索多方协同与多元共建模式

3.加快发展新动能，建设更加富有活力的创新城市

4.推动科技赋能，建设更富智慧的韧性城市

5.延续好城市文脉，建设更加美丽文明的人文城市

6.推进城市空间高效利用，建设更加集约高效的宜居城市

图 1–10　国内城市更新的经验总结

1. 建章立制，健全城市更新政策体系

健全多级联动的城市更新组织架构。成立城市更新工作领导小组，由城市政府与相关管理部门组成，下设办公室，由自然资源管理部门负责较为适宜，主要内容为全市城市更新的日常管理工作与协调推进工作，健全四级联动机制。

制定与城市更新相关的法律法规，开展城市更新政策体系建设。针对城市更新，尽快出台相关纲领性的条例与文件，配发相关的配套实施细则与政策，让城市更新做到有法可依有理可循。

完善城市更新统筹规划设计。以“双转”+“双修”为主线，具体来说，就是以经济动力转换与城市发展转型，老城区生态修复与城市修补为主线，对城市更新的相关规范和标准，年度计划、专项规划进行制定。对城市更新的发展策略和总体目标进行确定，对城市更像的各项要求与任务加以明确，涉及实施时序、公共服务设施建设、城市基础设施、分区管控等。

做好现有政策规划的有机衔接。树立全新的城市更新理念，即“全周期管理”理念，从全局角度出发绘制城市更新发展蓝图，与城市更新过程中涉及的各项工作进行有机衔接，具体包括与历史建筑和历史风貌的保护与活化作用的衔接，以及与农村城镇化历史遗留问题、公共住房建设、土地整备等工作的衔接，最终使“政策机制+重点领域”的工作格局得以形成。

2. 激活市场活力，探索多方协同与多元共建模式

解决土地占补平衡难题。对深圳经验加以借鉴，鼓励有条件的地区能够充分利用国务院公布的《关于授权和委托用地审批权的决定》，对地上地下、红线内外的经营性空间资源加以盘活利用，在公共资源交易平台的基础上，使得自然资源资产交易市场得以建设，对用地性质转换、兼容、混合机制，以及土地市场服务监管体系进行完善，同时对土地增值税减免加以规范，从而使得城市更新中遇到的各类土地问题得以有效解决。

创新市场化投融资机制。最大限度地使利益平衡机制得以建立，资金平衡难题得以解决。城市更新的主要来源包括财政专项资金、征收收入及收益、公有住房出售以及土地出让收入等，为了对历史风貌保护地块更新及其周边基础设施建设进行保护，专门设立城市更新以及历史风貌保护专项资金，使得该项目得以顺利开展。在新城建中充分发挥国有企业的积极引领作用，通过采取相应的鼓励措施，使得当地行业龙头企业带动中小企业积极参与到新城建中来，尤其是科技创新型企业。鼓励金融机构对金融服务进行改善，对金融产品进行创新，通过多种方式参与城市更新项目，包括建立担保机制、提供贷款、构建融资平台等方式。

继续深化“放管服”改革。面向基层、面向改革一线、面向城市更新项目所需，全力推进“强求放权”改革，对城市更新项目市一级的审批权限进行下放，具体涉及施工许可、规划、用地、立项等，从而更好地为基层提供科学、有效、精准的服务。

3. 加快发展新动能，建设更加富有活力的创新城市

紧扣数字产业方向，构建城市发展“新空间”。推动产城融合发展，推进产区园区向产业社区转型发展，使得公共服务得到进一步完善，涉及休闲、文化、居住、医疗、教育等，通过提供全链条、多元化、一站式的服务，推动科技成果孵化转化。

对文化创意产品开发与文化遗产数字化保护模式进行探索。把文化传承与科技进步的关系处理得当，对各种数字经济与科技型文化产业项目进行优化布局，其中具有代表性的项目包括动漫网游、虚拟现实、数字出版以及创意设计，从一定程度上促使良好的数字生态得以营造，全力建设数字经济标杆城市。

对中央创新区（CID）开发模式进行探索。“去房地产化”应是城市更新始终坚持的一种模式，将闲置的工业厂房、老旧建筑、厂区进行盘活，使现代服务业、文化产业与科技创新产业进入到城市更新项目中，在各种特色街区、专业楼宇中进行嵌入，最大限度地使城市功能得到综合开发。

4. 推动科技赋能，建设更富智慧的韧性城市

打造数字城市系统。对泛在、安全、移动、高速的数字智能基础设施进行适度超前布局，使得全市覆盖的数字化标识体系与集约化、多功能监测体系，以及信息相通、万物互联、随时随地可感知的智能城市体系得以构建，从而能够全面提供面向公众的智能化应用服务。基于数字地理空间框架，进行信息维度的五维城市信息模型（CIM）、时间维度与空间维度的构建。对建筑信息模型技术（BIM）技术进行大力推广，使得数字化单元得以建立，从而在城市更新领域实现全生命周期的数字化管理。

推动智慧城市建设。在“新基建”强有力的技术支撑下，将城市建

设和运行与互联网紧密结合在一起，将新型城镇化建设、新型基础设施建设以及交通水利等重大工程建设作为重点，使得政府数据壁垒与信息孤岛得以消除，最大限度地将城市更新需求与新一代信息技术进行深度融合，

从而使得城市应急管理体系与智能治理体系得以建立。为了进一步提高城市治理和防灾减灾的应急响应能力，使得人机结合的智能响应能力与智能研判决策能力得以形成，需要建立应急预案智能与危机处置管理系统。

在智能化、数字化、信息化的基础之上，促使老城区的生态修复与城市修补得以不断推进。使得城市功能完善与生态修复工程得以实施，不断加快“海绵城市”建设，使得城市危机预防能力得以提高。对专业管网改造、节能改造、抗震加固改造进行系统推进，使得适老化改造得到精准实施，对停车设施与便民设施进行补充。

5. 延续好城市文脉，建设更加美丽文明的人文城市

切实增强城市魅力、塑造城市形象、打响城市软实力品牌。厚植城市文脉。严格落实老城不能再拆的要求，实施各项保障措施，使得城市历史建筑得到保护，将城市文化遗产保护与利用工作做好，将庄重大气、古今交融、壮美有序、平缓开阔的古城形象得以塑造。

推进城市工业遗存创意化转型。改变老旧厂区的用途，使其摇身一变成为城市文艺生活空间，大力打造城市中心美术馆与博物馆等，使得城市文创产品创作活动得以顺利开展，实现“旧为新用”“古为今用”，深度挖掘文化资源赋能发展潜力。

提升城市更新项目的美学价值。引导园林景观、建筑领域的设计团队成立创新工场、工作室，将城市设计理念充分彰显出来，使其呈现出人文化、精品化的特点。

6. 推进城市空间高效利用，建设更加集约高效的宜居城市

重点做好核心城区旅游密度、商业密度、建筑密度与人口密度的管理工作。有针对性地对中心城区实施差异化更新方案，该方案大致可以分为三种类型，即战略留白型、生态复合型、建设主导型。

以社区为基本单位，以服务导向型“SOD”发展模式为核心，科学实施城市更新行动。推进低效利用建设用地二次开发工作，不断探索老旧小区改造工作的新模式，其中最具代表性的有订单制模式与申请制模式，不断加快老旧商业区模式改造工作，使其向着“商改商”“商改办”模式转变，通过打造一批精品街区示范项目，使一批城市更新项目得以完成，从而更好地推进城市便民生活圈的建设。

通过轨道交通“微中心”的分批建设，使以公共交通为导向的“TOD”模式得以出现。在城市轨道和城市高铁站的枢纽站点，推进站城综合体开发，推动一系列设施配套建设，包括休闲、文化、办公、商务等，全力推进公共空间规划与改造，实现周边土地、商业以及轨道交通三方的良性互动。

以便民、亲民为导向，对包括医疗、养老在内的一系列公共服务进行重新布局，使其呈现出分散化、网点化的特点。使城市公共交通承载力得到大幅提升，将周边地区与中心城区之间的通勤线路作为重点进行完善。积极推进基础设施优化专项行动，对市民入学、就医、出行等主要问题加以解决，打造一座“有温度”的宜居之城。

以城市更新重塑与再造城市“三生”空间。通过对山清水秀的生态空间、宜居舒适的生活空间以及集约高效的生产空间进行打造，助力现代化都市圈的建设。

第二章　空间治理理论概述

第一节　治理、城市治理与空间治理

一、治理的概念与内涵

（一）治理的概念

治理，作为一个具有多维度和跨学科特征的概念，源于政治学、社会学、经济学等诸多领域。该概念主要涉及对特定领域的管理和规范，旨在保持和维护秩序、稳定和发展等方面的平衡。在现代社会中，治理不仅局限于政府部门的行政管理，更强调市场主体、社会组织以及公民个体在社会发展过程中的积极参与和协同作用。

治理作为一种集合行动，体现了多元主体间的互动关系。在治理过程中，政府、市场、社会等多方主体共同参与，相互协作，共同为实现治理目标而努力。这种多元主体间的协同作用有助于提高治理的效率和效果，实现社会的和谐发展。

治理强调对特定领域的管理和规范。在现代社会中，许多领域都面临着复杂的问题和挑战，如资源分配、环境保护、社会公平等。为应对这些问题和挑战，治理旨在通过制定和实施一系列政策、法规和措施，对特定领域进行有效的管理和规范，以实现秩序、稳定和发展的平衡。

治理强调公共利益的最大化。在治理过程中，政府、市场、社会等多元主体需要充分考虑公共利益，通过平衡各方利益关系，实现公共利益的最大化。在现代社会中，公共利益的最大化是治理过程的核心目标，有助于实现社会的和谐发展和可持续发展。

（二）治理的内涵

治理与统治、管制不同，其指的是一种由共同的目标支持的活动，这些管理活动的主体不定，从本质上看，治理是一个上下互动的过程，政府、非政府组织以及各种私人机构主要通过合作、协商、伙伴关系，通过共同目标处理公共事务，所以其权力向度是多元的，并非纯粹自上而下。其内涵主要体现如下方面，见图 2–1 所示。

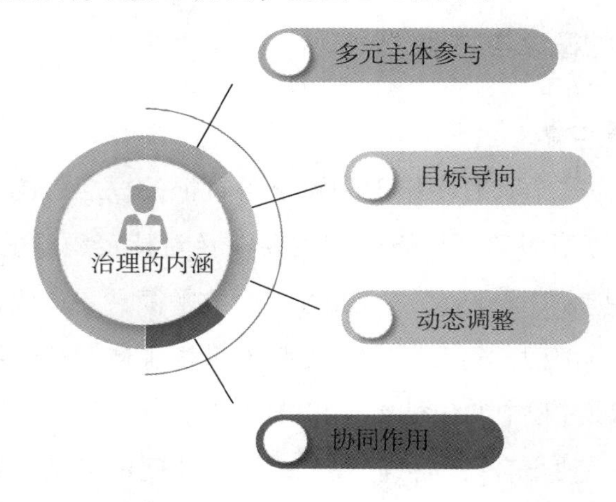

图 2–1　治理的内涵

1. 多元主体参与

现代治理强调多元主体的共同参与，这体现了现代社会的复杂性和多样性。在治理过程中，政府、市场和社会等多元主体共同发挥作用，以应对社会的不断变革和发展需求。政府部门作为公共权力的代表，需要承担治理的主导责任，制定相应的政策、法规和措施，以引导和规范社会行为。而市场主体则通过市场机制发挥其自主调节作用，优化资源配置，提高治理的效率。此外，社会组织和公民个体也在治理过程中发挥重要作用，参与决策、监督实施和提供公共服务等，以确保治理的公平和有效。

2. 目标导向

治理具有明确的目标导向，包括实现社会稳定、经济发展、生态保

护和公平正义等多个层面的目标。这些目标是治理过程中的基本原则和价值取向，也是衡量治理成效的重要标准。社会稳定是治理的基础，目的是确保社会秩序井然，为经济发展和人民生活创造良好环境。经济发展是治理的动力，旨在通过合理的政策、法规和措施，促进社会生产力的提升和人民生活水平的提高。生态保护是治理的重要内容，关注自然资源的合理利用和环境保护，以实现人与自然的和谐共生。公平正义则是治理的价值追求，关注各个群体和地区之间的利益平衡，确保资源分配的公平和社会公共利益的最大化。

3. 动态调整

治理是一个动态的过程，需要根据实际情况不断调整策略和方法，以适应社会变革和发展的需求。这意味着治理不能故步自封、一成不变，而应该随着社会形势的变化和问题的演变，及时调整和优化治理策略。动态调整要求治理过程中关注新的挑战和问题，以及各种主体的需求变化，从而保证治理活动的针对性和有效性。动态调整还要求治理过程具备自我评估和修正的能力，定期对治理成果进行评估，以便及时发现问题和不足，进而进行策略和方法上的改进。此外，动态调整意味着治理过程需要具备一定的灵活性和包容性，以适应不同情境和主体需求的变化。这一特点有助于形成具有针对性、灵活性和适应性的治理策略，从而更好地应对社会变革和发展的挑战。

4. 协同作用

治理过程强调各主体之间的协同作用，以实现更高效、公平和可持续的发展。协同作用意味着在治理过程中，政府、市场、社会等多元主体之间需要通过合作与交流，实现资源共享和互补，共同推动治理目标的实现。协同作用在治理过程中具有重要意义，一方面可以减少冗余和重复，提高治理效率；另一方面有助于整合各方优势资源，形成治理合力，共同解决复杂问题。

协同作用要求各主体之间建立良好的沟通和协作机制，以便在治理过程中分享信息、协调行动和解决冲突。政府部门应积极引导市场主体和社会组织参与治理，提供必要的政策支持和资源保障，以促进各方之间的协同发展。同时，各主体需要树立共同的目标和价值观，增强协作意识，以形成共同的治理合力。此外，协同作用还要求各主体在治理过程中尊重彼此的差异和特点，发挥各自优势，共同应对挑战和问题。

二、城市治理的理论基础

城市治理作为现代治理的一个重要分支，主要关注城市的管理和发展。城市治理理论基础主要包括以下几个方面，如图 2-2 所示。

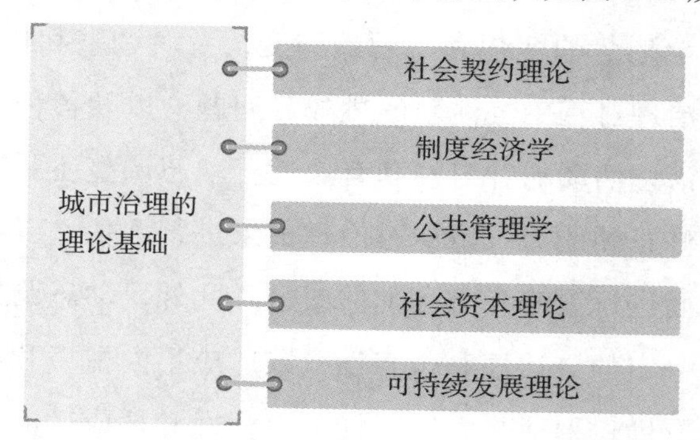

图 2-2　城市治理的理论基础

（一）社会契约理论

社会契约理论在城市治理中强调了共识的重要性。这意味着在城市治理过程中，政府、市场主体、社会组织和公民应当建立共同的价值观和目标，形成对城市发展方向和治理策略的一致意见。这种共识有助于提高治理效率，减少冲突和矛盾，为城市的和谐发展提供有力保障。通过广泛的社会参与和民主协商，可以在不同利益主体间达成共识，进而

实现治理目标。

强调城市治理需要在公民之间以及公民与政府之间建立契约关系，要求各方遵循公共利益原则，将个人和集体的利益融合到城市发展和管理中。政府应当履行其职责，为公民提供公共服务和保障，保证城市的稳定和繁荣。企业和市民则需在遵循法律法规的前提下，积极参与城市建设和管理，共同推进城市的可持续发展。

在城市发展过程中，政府、企业和市民都应当清楚自己的权利和义务，并在此基础上参与城市治理。政府需要制定合理的政策和法规，保障公民的权益，同时承担起治理的主导责任。企业要在追求经济利益的同时，承担社会责任，关注环境保护和社会福利。市民则应当依法行使权利，履行社会义务，参与社区事务和城市治理。

社会契约理论在城市治理中关注公共事务的决策和执行。公共事务的决策应当在民主、公开、透明的原则下进行，以保证各方利益的平衡。政府需要与企业、社会组织和公民充分沟通，了解各方的需求和诉求，以形成科学合理的治理决策。在执行过程中，各方主体应当严格遵循法律法规，确保治理成果的有效实现。

（二）制度经济学

在城市治理过程中，市场机制发挥着关键作用。制度经济学认为，有效的市场竞争能够促进资源的高效配置，推动城市经济的持续发展。然而，市场机制并不能解决所有问题，特别是在公共服务、基础设施建设和环境保护等领域，政府需要承担更为重要的责任。因此，在制度经济学视角下的城市治理中，政府的规划和监管功能至关重要。

政府在城市治理中需要制定合理的政策和规划，引导市场力量发挥积极作用，并在必要时进行干预，以确保资源配置的公平与效率。此外，政府还需要加强对城市基础设施、公共服务和生态环境等领域的监管，确保城市治理的可持续性。制度经济学强调城市治理中的制度创新与适应。随着城市发展的不断变化，原有的制度和政策可能不再适应新的需求和挑战。因此，城市治理需要不断进行制度创新，以适应新的发展形势。这包括改革政府管理体制，优化政策和规划，以及创新城市发展模式等方面。

（三）公共管理学

公共管理学强调政府部门在城市治理中的核心作用。作为城市治理的主导者和参与者，政府部门承担着制定、实施和评估政策的重要职责。在此过程中，政府需要关注城市发展的全局战略，协调各利益主体之间的关系，确保城市目标的实现。此外，政府还需积极拓展公共服务领域，提供高质量、高效率的服务，满足公民的需求，促进社会和谐。

随着城市化进程的加快，城市治理面临着诸多挑战，如资源紧张、环境压力、社会矛盾等。为应对这些挑战，城市治理需要不断进行组织结构和管理模式的创新。具体表现为政府部门在组织架构上进行调整，提高决策效率；在管理模式上进行创新，引入市场机制和民间力量，提高资源配置的效率，这是公共管理学对于城市治理中组织结构和管理模式创新的范例。

公共管理学强调城市治理的效率和效果决定了在城市治理过程中，政府部门需关注政策的执行效果，确保政策目标的有效实现。这需要通过科学的评估方法，对政策实施过程进行全面监测，分析政策的成效和不足，进而为政策的调整提供依据。政府部门还应关注治理过程中的资源利用效率，合理配置公共资源，防止浪费，实现可持续发展。

城市治理实践中，政府部门需不断提高自身的治理能力，以便更好地满足公民的需求。这包括优化政府内部流程、提高政策执行力，以及加强政府与市民之间的沟通与合作。通过以上努力，政府部门能够为城市治理提供更有力的支持，实现公共资源的合理利用和城市目标的有效实现。

（四）社会资本理论

社会资本理论认为，城市治理应关注社会关系网络的建立与维护。这包括促进社区间的互动、交流与合作，以及在各利益相关者之间建立良好的信任关系。城市治理中的社会关系网络可以为公共服务提供、资源配置以及协商决策等方面提供支持，从而提高城市治理的效率与效果。

社区居民作为城市治理的基础利益相关者，对于城市发展和管理具有直接的影响。通过鼓励社区参与和公民参政，可以增加政策制定和实施过程的透明度，提高政策的可接受性和执行力，从而使城市治理更加民主、公正与包容，这是社会资本理论对于社区参与和公民参政在城市治理中作用的具体体现。

在城市治理过程中，政府、企业、社会组织和居民等各方利益主体需要相互合作、协调与协商，以实现共同的目标。通过多元利益主体的协同治理，可以有效地整合各方资源，实现城市治理的最优化。政府和其他利益主体需要关注基本民生问题，为居民提供高质量的公共服务，以提高城市居民的生活质量和幸福感。同时，通过鼓励公共参与，可以将民众的需求和意愿纳入城市治理的决策过程，从而提高城市治理的效果和民众的满意度。

（五）可持续发展理论

可持续发展理论要求城市治理坚持经济、社会和环境的平衡发展。这意味着城市治理需要在保障经济增长的同时，关注社会福祉和环境质量。为实现这一目标，城市治理需要制定综合性的政策和规划，引导企业和社会各界共同参与，推动产业结构的调整和优化，提高资源利用效率，促进绿色发展。

在城市发展过程中，城市治理在可持续发展理论下，需要关注弱势群体的权益，保障他们在教育、就业、医疗等方面的机会。这要求政府制定相应的政策，为弱势群体提供支持和保障，减少社会不平等和发展差距。此外，城市治理还需积极促进社会包容，为不同文化、宗教和民族提供平等的发展空间，构建和谐共生的城市环境。

为实现可持续发展目标，城市治理需要在政策、技术和管理等方面进行创新。这包括推动清洁能源、绿色建筑和智能交通等新技术的应用，以降低城市对环境的压力；改进城市管理模式，提高政府、企业和社会组织之间的协同效应；以及鼓励市民参与城市治理，发挥民间力量在可持续发展中的作用。

最后可持续发展理论强调城市治理的长远规划。为实现城市的可持续发展，城市治理需要对未来进行科学的预测和规划，确保城市发展策略具有前瞻性和持续性。这要求政府部门在制定城市规划时，充分考虑长期发展目标和挑战，确保城市在经济、社会和环境三个维度上的平衡发展。

三、空间治理的定义与特点

（一）空间治理的定义

空间治理是指在城市或地区发展中，通过政府、市场和社会等多方主体的参与和协作，共同规划、建设、管理和保护城市空间资源的过程和实践。它涵盖了对城市空间的规划、建设、管理和保护的方方面面，旨在实现城市的和谐发展和高质量发展。

（二）空间治理的特点

空间治理作为城市治理的重要组成部分，具有显著的综合性、预见性、适应性、协同性和创新性。这些特点要求空间治理者在实践中充分考虑多方因素和利益关系，具备前瞻性和战略眼光，并根据实际情况调整治理策略。如图 2–3 所示。

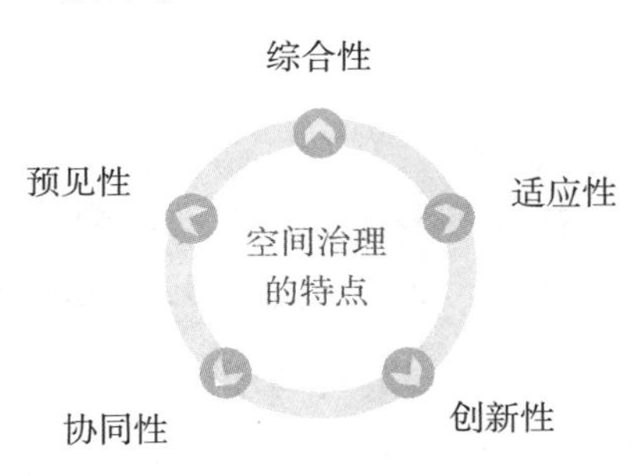

图 2–3　空间治理的特点

1. 综合性

空间治理的综合性涉及自然环境、人文环境和社会经济环境等诸多方面。在空间治理过程中，需充分考虑各种因素和利益关系，权衡不同利益主体之间的需求，以达到城市空间发展的综合平衡。例如，在城市规划过程中，应兼顾生态环境保护、历史文化遗产保护、经济发展及市民生活需求等多方面因素，确保城市空间的和谐与可持续发展。

2. 预见性

空间治理的综合性体现在其关注城市的多个层面，涉及自然环境、人文环境和社会经济环境等诸多方面。在空间治理过程中，需充分考虑各种因素和利益关系，权衡不同利益主体之间的需求，以达到城市空间发展的综合平衡。例如，在城市规划过程中，应兼顾生态环境保护、历史文化遗产保护、经济发展及市民生活需求等多方面因素，确保城市空间的和谐与可持续发展。

3. 适应性

空间治理的适应性要求在城市发展的实际情况和需求下，灵活调整空间规划和管理策略。这意味着空间治理过程需要具备较强的动态调整能力，以适应社会、经济和技术等方面的变化。例如，随着新能源技术的发展，城市规划需要对城市基础设施进行相应调整，以满足可再生能源的应用和推广需求。

4. 协同性

强调政府、市场、社会等多方主体之间的合作与共同参与，以实现城市空间的合理规划和利用。在实践中，各利益主体需要加强沟通与协作，形成协同治理的机制，以提高空间治理的效果。例如，政府、企业、社区和市民需共同参与城市绿化、环保等项目，推动城市生态环境的改善。

5. 创新性

在治理过程中不断更新理念、方法和技术，以满足城市发展的新需求并提高治理效果。这意味着空间治理需要跟随时代的变化，采纳新的技术和管理手段，不断优化城市空间规划和管理。例如，利用地理信息系统（GIS）和大数据技术，对城市空间进行精细化管理，以提高资源利用效率和规划执行力；同时，鼓励跨领域的研究和创新，结合新兴领域如智能城市和生态城市理念，探索更加可持续和宜居的城市发展模式。

第二节　空间治理的理论分析及其研究

一、空间治理的理论体系构建

空间治理是指对空间资源的有效利用和管理，以实现社会、经济和环境的可持续发展。在空间治理的理论体系构建中，有几个关键的理论要素需要被考虑。

（一）空间治理需要借鉴系统理论

系统理论认为，空间是一个复杂的系统，包括了地理空间、自然环境、社会经济等多个方面的要素，它们之间相互作用、相互依存。因此，空间治理的理论体系应该从系统的角度来考虑，关注空间系统的结构、功能和演化规律。

（二）空间治理需要融入可持续发展理念

可持续发展理念强调人与自然的和谐共生，追求经济发展、社会进步和生态保护的有机统一。在空间治理中，应当注重通过合理规划和管理，实现经济效益、社会公平和生态健康的协调发展。

（三）空间治理的理论体系还应该考虑空间权力与政治经济关系的分析

空间资源的配置和利用往往涉及不同利益主体之间的权力竞争和协商，也涉及政府、市场和社会力量的相互作用。因此，空间治理的理论体系需要关注空间权力的运行机制，以及政府、市场和社会的相互作用模式。

（四）空间治理的理论体系还应该考虑跨尺度和跨界治理的问题

现代社会中，空间治理的范围往往跨越国家、地区和组织之间的界限，需要进行跨尺度和跨界的合作与协调。因此，空间治理的理论体系需要关注不同尺度和不同领域之间的关系，研究如何构建有效的跨尺度和跨界治理机制。

二、空间治理的研究方法

空间治理的研究方法与途径是实现有效空间治理的重要基础。以下将介绍几种常用的研究方法和途径。

（一）定性和定量研究方法相结合

定性研究方法可以通过深入访谈、观察和案例研究等方式，获取关于空间治理的详细描述和解释。这种方法有助于揭示空间治理中的复杂关系、利益冲突和政策实施过程中的问题。而定量研究方法可以通过统计分析和模型构建，对空间治理中的数据进行量化和建模，从而提供定量证据和分析结果。定量研究方法有助于识别和量化空间治理中的影响因素和变量之间的关系。

（二）跨学科和综合性方法

空间治理涉及地理学、社会学、经济学、政治学等多个学科领域的知识，因此，跨学科研究的方法可以促进对空间治理问题的全面理解。同时，空间治理的综合性方法可以整合不同学科的理论和方法，以形成综合的分析框架和解决方案。例如，可以运用政策分析、规划评估、决策支持系统等方法，对空间治理的政策制定、规划实施和决策过程进行综合性研究。

（三）参与式和协同式方法

参与式研究方法强调与利益相关者的密切合作和合作研究，将研究对象和研究对象的利益相关者纳入研究过程中。通过与利益相关者的互动和合作，可以获得更全面、准确的信息和理解，并促进研究结果的实际应用和决策制定的参与性。协同式研究方法强调不同利益相关者之间的协同合作和共同创新，通过共同解决问题和共同设计和实施方案，实现空间治理的集体行动和共同目标。

（四）借鉴国际比较和案例研究方法

国际比较方法可以通过对不同国家、地区的空间治理实践进行比较分析，了解不同背景下的治理模式、政策效果和经验教训。这种方法可以帮助我们寻找最佳实践，并从中汲取经验，为本国或地区的空间治理提供借鉴和启示。

同时，案例研究方法可以通过深入研究特定地区或领域的空间治理案例，深入剖析其中的关键因素、决策过程和影响结果。通过案例研究，可以深入理解空间治理中的具体问题和挑战，分析各种因素的相互作用和影响，从而提出相应的解决方案和政策建议。

三、空间治理的关键要素

空间治理的关键要素是指在实现有效的空间治理过程中所必须考虑和处理的核心因素。这些要素涉及空间资源的特点、利益相关者的作用、制度安排以及决策过程等方面。如图 2–4 所示。

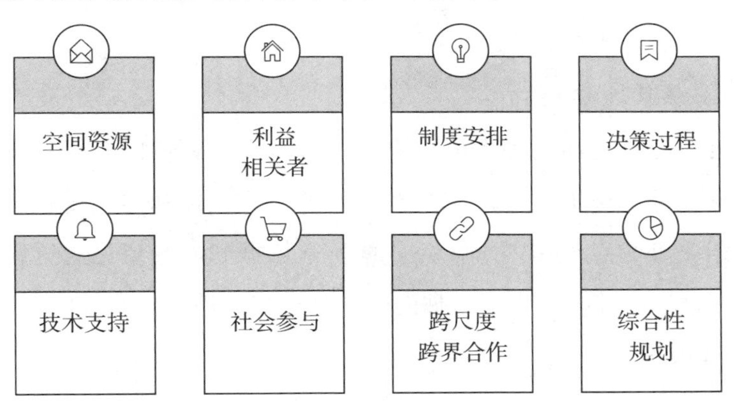

图 2–4　空间治理的关键要素

（一）空间资源

空间治理的核心是对空间资源的有效管理和利用。空间资源包括土地、水域、森林、矿产等自然资源，以及城市用地、交通网络、能源基础设施等人造资源。这些资源的合理配置和可持续利用对于实现经济、社会和环境的协调发展至关重要。

（二）利益相关者

空间治理涉及多个利益相关者，包括政府部门、企业、社会组织、居民群体等。不同利益相关者在空间治理中具有不同的权益和目标，因此需要进行利益协调和权力平衡。有效的空间治理需要依靠广泛的参与和合作，确保各利益相关者的利益得到合理考虑，并促进共同的目标实现。

（三）制度安排

制度安排是指在空间治理中建立的规范、机制和流程。包括法律法规、政策措施、规划体系、管理机构等方面的安排。良好的制度安排能够提供规范的指导和约束，确保空间资源的合理配置和利用，并促进各利益相关者的合作与协调。

（四）决策过程

决策过程是空间治理中的重要环节，涉及政策制定、规划设计、项目评估等方面。决策过程应该具有科学性、公正性和透明度，充分考虑各利益相关者的意见和需求，并依据科学依据和参与意见进行决策。良好的决策过程能够提高空间治理的效果和可持续性。

（五）技术支持

技术支持是空间治理的重要支撑，包括地理信息系统、遥感技术、模型模拟等工具和方法。技术支持能够提供空间数据的收集和分析，支持决策制定和方案评估，并帮助监测和评估空间治理的效果。适当运用技术支持可以提高空间治理的科学性和决策效率。

（六）社会参与

社会参与是空间治理中的重要环节，强调公众参与和民众的意见反馈。社会参与能够促进信息的共享和交流，增加决策的透明度和公正性。通过广泛的社会参与，可以获得更多的视角和建议，增加政策的可行性和接受度。

（七）跨尺度与跨界合作

空间治理往往涉及不同尺度和跨越行政辖区的合作与协调。在全球化和城市化的背景下，解决空间治理问题需要跨越行政边界，进行跨尺度和跨界合作。国际合作和区域间的协调是推动空间治理有效性的重要手段。

（八）综合性规划

综合性规划是空间治理的重要手段，通过将不同领域和利益相关者的需求纳入综合规划中，实现空间资源的协调利用和综合管理。综合规划涉及城市规划、区域规划、环境规划等，旨在提供整体性的空间治理方案，避免单一领域和部门的割裂行动。

四、空间治理中的利益主体分析

空间治理涉及多个利益主体的参与和作用，理解和分析不同利益主体的角色和利益关系对于实现有效的空间治理至关重要。在空间治理中进行利益主体分析可以帮助我们更好地理解和应对不同利益主体之间的冲突、合作和权衡。

（一）政府部门

政府是空间治理的重要参与者和决策者，具有法定权力和责任。政府在空间治理中扮演着规划、监管、管理和执行政策的角色。政府部门的利益在于维护公共利益、提供公共服务和保障社会稳定。政府部门需要制定合理的政策和规划，平衡不同利益主体的需求，推动空间资源的可持续利用和社会经济的可持续发展。

（二）企业和私营部门

企业和私营部门在空间治理中是重要的经济参与者。它们追求经济利益和竞争优势，通过投资和创新活动推动经济增长和就业机会的创造。企业和私营部门在空间治理中通常是资源的开发者和利用者，因此它们的利益往往与经济效益和市场竞争相关。在空间治理中，需要平衡企业的利益与社会、环境的可持续发展之间的关系，通过合理的规范和监管，实现经济增长与环境保护的双赢。

（三）社会组织和公民社会

社会组织和公民社会在空间治理中代表了公众利益和社会需求。它们包括非政府组织、社会团体、专业协会和居民组织等。社会组织和公民社会通常关注公众参与、环境保护、社会公正和权益保障等议题。它们在空间治理中扮演着监督、参与和代表公众意见的角色，通过舆论压力、法律诉讼、公众活动等方式推动空间决策的公正性和可持续性。

（四）学术界和专家机构

学术界和专家机构在空间治理中提供知识支持和技术咨询。它们通过研究和分析，提供理论框架、方法论和实证证据，为决策制定和政策实施提供科学依据。学术界和专家机构的利益在于推动空间治理的科学性和可行性，提供独立、客观的专业建议。

（五）居民和社区

居民和社区是空间治理中的直接受益者和参与者。他们在空间治理中关注自身利益和居住环境的质量，参与决策过程、提出诉求和反馈。居民和社区的利益包括生活品质、社区安全、住房条件等方面。在空间治理中，应当重视居民和社区的参与和代表性，尊重他们的权益和声音，并通过公正、透明的决策过程满足他们的合理需求。

（六）跨界利益主体

空间治理往往涉及不同领域和行业的利益主体。例如，环境保护组织、文化遗产机构、交通运输部门等。这些利益主体关注的议题和利益相对专业化，但对空间治理的可持续性和综合性有重要影响。跨界利益主体的参与需要进行协调和整合，以确保空间治理的全面性和协同性。

在分析利益主体时，需要考虑其权力、利益、目标和互动关系。不同利益主体之间往往存在着相互关联和相互作用的复杂关系，如合作、冲突、依赖等。理解和协调不同利益主体之间的关系是实现有效空间治理的关键。这可以通过建立多方参与的平台、加强沟通与协商、构建共赢机制等途径来实现。

第三节　新时代背景下的空间治理及其主要类型

一、新时代背景下空间治理的特点

（一）信息化与数字化

新时代空间治理利用先进的技术手段，如大数据、物联网、人工智能等，实现对空间信息的实时监测和分析。这些技术的应用使空间治理方式和手段发生了深刻变革。例如，通过远程传感技术实时监测土地利用情况，以便更加精准地制定土地政策。数字化技术的应用提高了空间治理的效率和精确度，使得政府、企业和公民可以更加便捷地获取和共享空间信息。

（二）多元主体参与

新时代空间治理更加注重多元主体的参与，这意味着政府、市场、社会和公民在空间治理过程中共同发挥作用。与过去单一的政府主导空间治理不同，多元主体参与空间治理有助于充分调动各方积极性，形成合力，从而实现空间治理目标。多元主体参与可以为空间治理带来更多元的视角、更丰富的资源和更有效的手段。

（三）强调可持续发展

在新时代背景下，空间治理对生态环境保护和可持续发展的重视程度不断提高。在制定和实施空间治理过程中，需要综合考虑经济、社会和环境等多方面因素，平衡各方利益，实现人与自然的和谐共生。例如，在城市规划中，应充分考虑绿色出行、节能建筑、生态修复等方面的需求，以减少对环境的负担并促进可持续发展。

（四）以人为本

新时代空间治理更加关注人的价值和需求，以提高公民福祉为目标。政府、市场和社会在空间治理过程中需要充分关注人的需求，尊重民意，充分调动公众参与，以确保空间治理成果惠及广大民众。例如，通过开展社区规划、公共空间设计等活动，倾听民众对于生活环境的需求和期望，提高空间治理的民主性和包容性。

二、新时代背景下空间治理的主要类型

在新时代背景下，空间治理的主要类型包括市场导向型、政府主导型、社区参与型和混合型空间治理模式。如图 2-5 所示。

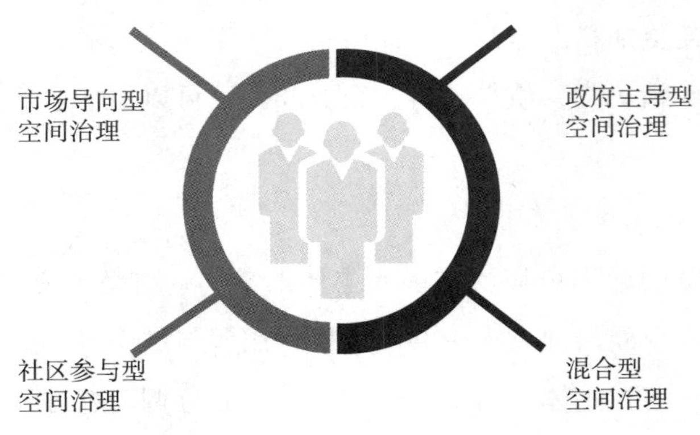

图 2-5　新时代背景下空间治理的主要类型

（一）市场导向型空间治理

市场导向型空间治理是新时代空间治理的重要类型之一，其核心理念是通过市场机制引导各类主体参与空间治理，实现空间资源的高效配置。这种空间治理模式强调竞争和合作的作用，以提高空间治理的效率、公平性和创新性。市场导向型空间治理的理论基础主要来源于经济学、地理学和城市规划学等多学科领域。从经济学角度，市场导向型空间治理强调市场在资源配置中的优越性，认为市场机制能够实现空间资源的有效利用和优化。地理学和城市规划学则为市场导向型空间治理提供了空间尺度和实践策略的支持，关注空间治理的地域特征和实施路径。

市场导向型空间治理的主体包括企业、投资者、开发商、房地产商等。这些市场主体根据市场需求和竞争态势，参与到空间资源的开发、投资、建设和管理等环节。政府在市场导向型空间治理中起到制度设计和监管的作用，通过制定政策、法规和规划，为市场主体提供一个公平、透明的竞争环境。此外，政府还需对市场主体的行为进行监督和调控，以防止市场失灵和资源浪费。

市场导向型空间治理，因其强调市场力量在空间治理中的作用，市场需求和竞争格局的变化直接影响空间资源的配置和优化，因此其具有较强的动态性和自适应性。该类型的空间治理鼓励企业和其他市场主体在空间治理过程中进行创新，以提高竞争力和效益。这种创新可能表现为新的空间规划理念、新型城市建筑、智能化基础设施等。

（二）政府主导型空间治理

政府主导型空间治理是指政府在空间治理过程中起到主导作用，通过制定和实施政策、法规、规划等手段来引导和推动空间治理。

政府主导型空间治理是基于政府在公共事务管理中的责任和权力，通过政府的行动来调整和引导空间资源的配置和利用。在这种模式下，政府扮演着决策者、规划者、监管者和服务提供者的角色。政府主导型空间治理强调政府在空间规划和决策过程中的主导地位，通过制定相关政策、法规和规划，为空间治理提供指导和规范。

政府主导型空间治理的核心特点包括：

（1）规划引导和政策制定：政府主导型空间治理依赖于政府的空间规划和政策制定。政府通过制定全面、科学的空间规划，以指导空间资源的配置和利用。同时，政府还制定相关政策和法规，为空间治理提供法律依据和制度保障。

（2）资源分配和管理：政府在空间治理中负责空间资源的分配和管理。政府通过土地管理、用地政策、公共设施建设等手段，对空间资源进行合理的配置和利用。政府在资源分配中注重公平公正，确保各类市场主体在空间资源利用中的合法权益，并加强对资源利用过程的监管。

（3）市场监管和规范：政府主导型空间治理强调对市场和社会主体的监管和规范。政府通过监管机构和相关法规，对市场行为和社会行为进行约束和引导，以防止市场失灵和资源浪费。政府在空间治理中注重公共利益和公共服务，加强对市场主体的合规性和社会责任的监督。

（4）公众参与和民主决策：政府主导型空间治理注重公众参与和民主决策。政府通过开展公众参与活动、听取民意和社会反馈，充分考虑公众需求和意见，确保决策的科学性和民意的合理表达。政府在制定政策和规划时，积极引导和组织各方利益相关者的参与，达成共识，实现共享。

（5）治理效能和绩效评估：政府主导型空间治理强调治理效能和绩效评估。政府对空间治理过程进行监测和评估，不断优化和改进治理措施。通过建立评估指标体系和绩效考核机制，政府能够及时了解空间治理的实际效果，为决策提供科学依据。

（三）社区参与型空间治理

在新时代的背景下，社区参与型空间治理成为空间治理的重要类型之一。这一模式强调社区居民和其他社会组织的积极参与和合作，旨在共同推进空间治理工作，实现社区自治、民主决策和社会协同发展。

社区参与型空间治理的核心是让社区居民成为空间治理的参与者和决策者。社区居民具有对所在社区的深入了解和关注，他们是空间治理的直接受益者和主体。因此，他们的意见、需求和建议应该得到充分尊重和重视。通过建立有效的参与机制和平台，社区居民可以参与空间规划的制定、项目实施的过程、资源的配置以及环境保护等方面，发表自己的意见和建议，参与决策和监督，实现空间治理的民主化和多元化。

在社区参与型空间治理中，社会组织也扮演着重要角色。社会组织可以是非政府组织、环保组织、社区志愿者团体等，他们代表着特定利益群体的利益和诉求。社会组织通过组织和协调社区居民的力量，提供专业的咨询和技术支持，参与到空间治理的各个环节中。他们可以发挥监督、媒介和协调的作用，推动空间治理的公正性和可持续性。

社区参与型空间治理具有一系列的优势。首先，通过社区居民的参与，可以充分发挥他们的智慧和创造力，提供更具针对性的建议和方案，更好地满足社区的需求。其次，社区参与能够增强社区居民的归属感和责任感，激发他们对社区发展的积极性和参与度。同时，社区参与也有助于提高空间治理的透明度和公正性，减少决策的偏差和滥用权力的可能。最重要的是，社区参与型空间治理能够建立起政府、市场主体和社区居民之间的良好互动关系，形成共商共治共享的空间治理格局，增强空间治理的可持续性和稳定性。

（四）混合型空间治理模式

在新时代的背景下，混合型空间治理模式成为空间治理的重要类型之一。这一模式的主要特点是综合运用市场导向型、政府主导型和社区参与型空间治理方式，通过政府、市场和社会各方的协同合作，共同推进空间治理工作。

在混合型空间治理模式中，政府仍然起着主导作用。政府通过制定政策、法规和规划，提供空间治理的整体框架和方向。政府负责统筹协调各方资源，引导市场行为，保障公共利益，并提供公共服务。政府还负责空间规划和土地管理，确保空间开发和利用的合理性和可持续性。

市场主体在混合型空间治理模式中也发挥着重要作用。市场主体根据市场需求和市场规律，进行空间开发和治理。他们通过投资和经营，参与城市建设和更新，提供各类商业设施和公共服务。市场主体以市场效益为导向，通过市场机制实现资源配置和利益分配。

与此同时，社区居民和社会组织在混合型空间治理模式中也积极参与。社区居民是直接受益者和主体，他们对自己所在社区的发展有直接利益关系。社区居民通过参与决策、提出建议和监督评价等方式，发表自己的意见和诉求，参与到空间治理的各个环节中。社会组织可以代表特定利益群体，通过组织和协调社区居民的力量，提供专业的咨询和技术支持，推动空间治理的公正性和可持续性。

混合型空间治理模式的优势在于充分调动各方的积极性和专业性，形成多元主体参与和协同推进的格局。政府、市场和社会各方在各自的角色和职责中相互配合，形成合力，实现空间治理目标。这种模式能够在保障公共利益的同时，兼顾市场效益和社会效益，实现空间治理的综合效果。

第四节　中国当代区域协调发展中空间治理现代化新态势分析

一、中国区域协调发展战略背景下的空间治理需求

在中国区域协调发展战略的背景下，空间治理面临着新的需求和挑战。中国作为一个拥有广大领土和多样化发展需求的国家，区域协调发展成为推动经济增长、实现可持续发展的重要战略。在这一战略下，空间治理需求体现在以下几个方面，如图 2-6 所示。

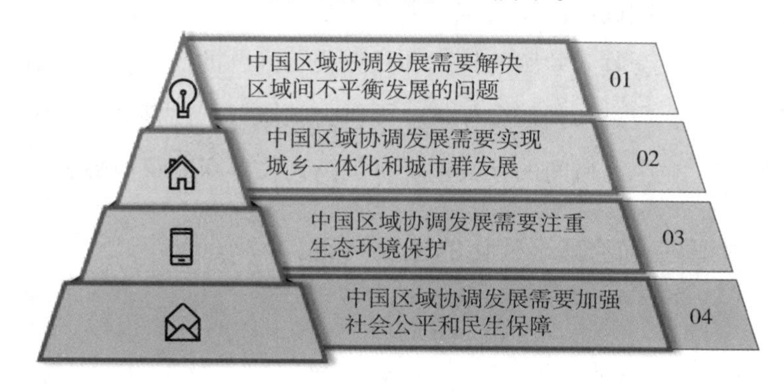

图 2-6　空间治理需求的具体体现

第一，中国区域协调发展需要解决区域间发展不平衡的问题。由于历史、地理和经济等因素的影响，中国各个地区的发展水平存在较大差异。一些地区相对发达，而一些地区发展相对滞后。因此，空间治理需要通过优化资源配置、加强基础设施建设、促进人才流动等手段，推动各地区间的协调发展，缩小区域间的差距。

第二，中国区域协调发展需要实现城乡一体化和城市群发展。在城

市化进程中，城市和农村之间、城市与城市之间的发展不平衡问题日益突出。为了实现城乡一体化，促进农村地区的发展，空间治理需要加强农村基础设施建设、优化农村产业结构，提升农村居民的生活品质。同时，发展城市群是推动区域协调发展的重要举措，需要通过加强城市间的互联互通、资源共享和合作发展，实现城市群的协同发展。

第三，中国区域协调发展需要注重生态环境保护。随着经济发展的快速推进，环境污染和生态破坏问题日益突出。为了实现可持续发展，空间治理需要加强生态环境保护，推动生态文明建设。这包括保护自然资源、改善生态环境、促进生态产业发展等方面的工作，以实现经济发展和生态环境的良性循环。

第四，中国区域协调发展需要加强社会公平和民生保障。经济发展的不平衡导致了社会收入差距的扩大和社会公平问题的凸显。空间治理需要关注社会公平，通过加强社会保障、提供公共服务、改善教育、医疗等社会民生领域，缩小区域间的社会差距，提高人民群众的获得感和幸福感。

二、中国空间治理现代化的主要特点

中国空间治理现代化的主要特点是政府主导的规划引领、市场机制的引入和发挥、社会参与的广泛性和多样性，以及可持续发展的理念贯穿。

（一）政府主导的规划引领

在中国的空间治理中，政府扮演着决策者、规划者和协调者的角色。政府通过制定空间规划和城市规划，引导经济和社会发展的方向。政府根据国家发展战略和区域特点，制定空间布局、土地利用和城市建设的总体规划，确保资源的合理配置和区域的协调发展。政府的规划引领作用体现在空间布局的统筹、城市化进程的引导和城市更新的推动上。

（二）市场机制的引入和发挥

中国的空间治理注重市场机制的发挥，充分发挥市场在资源配置中的决定性作用。通过市场机制，引导和激发各类市场主体的积极性和创造性，推动经济活力的释放和发展。市场机制的引入有助于提高资源配置效率，推动城市化进程，促进城市经济的繁荣。政府在市场机制引导下，通过放宽市场准入、优化投资环境、鼓励创新创业等方式，吸引国内外资本和人才的流动，推动城市更新和产业升级。

（三）社会参与的广泛性和多样性

中国的空间治理强调社会各界的广泛参与，通过广泛征求公众意见、开展社会评议和社区参与，实现决策的透明和公正。社会参与的多样性体现在各类社会组织的参与，如非政府组织、企业、专家学者、居民等。他们通过不同的方式和角色，为空间治理提供专业知识和资源支持。社会参与的广泛性和多样性有助于充分调动社会智慧和创造力，提高决策的科学性和可行性，增强公众对空间治理的认同和参与度。

（四）可持续发展的理念贯穿于中国空间治理现代化

可持续发展是中国空间治理的核心目标，强调经济发展、社会进步和生态环境的协调。中国空间治理现代化注重经济效益、社会效益和生态效益的统一，以实现可持续发展。

中国空间治理现代化追求经济的高质量发展和城市的繁荣。通过引入市场机制，鼓励创新创业，优化产业结构和空间布局，提高资源配置效率和经济效益。同时，注重推动城市更新和产业升级，促进城市经济的转型升级和可持续竞争力的提升。在社会效益方面，中国空间治理现代化关注社会公平和民生保障。通过加强社会保障体系建设、提供公共服务设施、改善教育、医疗和居住条件等，促进社会公平和人民群众的获得感和幸福感。同时，注重农村地区的发展，实现城乡一体化，提升农民生活水平。

中国空间治理现代化强调生态环境保护和生态文明建设。通过加强环境监管、推动绿色发展、保护自然资源和生态系统，实现经济发展与生态环境的协调。注重生态文明理念的融入城市规划和建设，推动低碳、环保和可持续的城市发展。

三、空间治理现代化的制度创新与实践

空间治理现代化要求在制度层面进行创新和实践，以适应新时代的需求和挑战。中国在空间治理领域积极进行制度创新，探索适应当前发展的新模式和新机制。

中国在空间治理中进行了规划制度的创新。规划制度是空间治理的重要组成部分，它对资源配置、土地利用和城市发展起着引导和约束作用。中国在规划制度方面进行了一系列的改革和创新。加强顶层设计，制定国家空间规划和城市总体规划，明确发展方向和重点任务。推行区域协调发展规划，促进区域间的均衡发展。此外，建立了空间规划与城市规划的衔接机制，确保规划的科学性和有效性。这些规划制度的创新为空间治理提供了坚实的制度保障。

土地管理是空间治理的核心问题之一，中国通过改革土地制度，探索适应新时代的土地管理模式。推行统一的城乡土地市场，建立土地流转和交易制度，促进土地资源的优化配置。加强土地用途管控，严格土地供应计划，避免过度用地和乱占乱建。此外加强土地确权登记，保护农民土地权益，推动农村土地的流转和集约利用。这些土地管理制度的创新为空间治理提供了有效的工具和手段。

城市更新是空间治理中的重要任务，它关系到城市的发展和改善居民的生活条件。中国在城市更新方面进行了一系列的实践和创新。首先，

注重人民群众的利益保护，加强社会参与和民主决策，确保城市更新的公正性和可持续性。其次，强化规划引导，制定城市更新规划和设计标准，提高城市空间的质量和功能。此外，加强土地管理和资金保障，优化资源配置，推动城市更新的可持续发展。同时，中国还探索了一些新的城市更新模式，如历史文化保护与城市更新相结合的模式、公共—私人合作模式、社区共建共享模式等。这些实践和探索为城市更新提供了新的思路和方法，推动了城市更新与空间治理现代化的有效结合。

中国在空间治理中注重了多层次、多主体的协同机制，积极构建政府、市场和社会各方参与的协同治理机制，推动多方合作、资源共享和责任共担。在空间治理中，各级政府加强协调与合作，形成跨部门、跨地区的协同机制。与此同时，鼓励市场主体参与空间治理，发挥市场机制的作用。同时，促进社会组织和公众参与空间治理，通过开展社会评议、举办公众听证会等形式，充分听取各方意见和建议。这些协同机制的建立和运行，提升了空间治理的效能和社会参与的广度和深度。

中国在空间治理现代化的制度创新与实践中注重了科技应用的推动，借助科技手段，推动空间治理的现代化。利用大数据、人工智能等技术，进行空间信息的采集、分析和应用，提供决策支持和智慧城市管理。同时，借助互联网和移动通信技术，构建数字化的空间治理平台，促进政府、市场和社会各方的互动和协同。这些科技应用的推动，提高了空间治理的智能化、精准化和效率化水平。

四、空间治理现代化与城市更新的关系

空间治理现代化与城市更新密不可分，二者相互影响、相互促进，共同推动城市发展和改善居民生活。空间治理现代化为城市更新提供了制度和政策支持，推动了城市更新的规范和可持续发展。城市更新作为

空间治理现代化的实践领域，通过城市更新的实施，推动了城市的现代化转型和社会经济的发展。多主体参与和协同合作是空间治理现代化和城市更新的共同特点，通过多方参与和合作，实现了治理的共享和效能的提升。城市更新反过来也推动了空间治理现代化的进程，为制度创新和政策完善提供了实践基础和动力。

第一，空间治理现代化为城市更新提供了制度和政策支持。空间治理现代化的制度创新和实践，包括规划制度的改革、土地管理制度的创新等，为城市更新提供了制度性保障。例如，规划制度的创新使城市更新可以有明确的发展方向和政策指导，确保更新工作与整体规划相一致。土地管理制度的改革促进了土地资源的优化配置和城市土地的有效利用，为城市更新提供了土地供应的基础。空间治理现代化为城市更新提供了规范、可行的制度框架，使其能够在合法、有序的基础上推进，实现良性发展。

第二，城市更新是空间治理现代化的重要内容和实践领域。城市更新作为空间治理的重要任务，旨在改善城市环境、提升居民生活水平。中国在城市更新方面进行了一系列的实践和创新，注重保护历史文化、改善城市功能、提升城市形象等方面。城市更新的实践推动了城市空间的现代化转型，使城市更加宜居、宜业、宜游。同时，城市更新也提供了空间治理现代化的实践平台，通过城市更新的实施，探索和创新了一系列的治理方式和机制。城市更新与空间治理现代化相互交织、相互推进，共同促进了城市发展和现代化进程。

第三，空间治理现代化强调多主体参与和协同合作，为城市更新提供了广泛的参与机会。空间治理现代化注重政府、市场和社会各方的协同，推动多方合作、资源共享和责任共担。在城市更新中，政府、企业、社区和居民等多个主体共同参与，形成了多元化的治理格局。政府作为

主导者和规划者，发挥引导和监管的作用；市场主体通过投资和开发，推动城市更新的实施；社区和居民通过参与协商，表达意见和需求，参与决策和监督。这种多主体参与的机制为城市更新提供了广泛的参与渠道和民主决策的机制，使城市更新更具包容性和可持续性。

第四，城市更新反过来也推动了空间治理现代化的进程。城市更新的实施，不仅改善了城市的物质环境，也提升了社会经济和文化发展水平。通过城市更新，提升了城市的品质和形象，增强了城市的竞争力和吸引力，促进了城市的现代化转型。城市更新的成功实践为空间治理现代化提供了可行性和示范效应，推动了相关制度和政策的创新和完善。同时，城市更新也为空间治理现代化提供了问题和挑战，激发了各方共同思考和探索解决方案的动力。

第三章　转型对城市空间结构重构发展的促进

城市空间结构的转型和重构，是推动城市可持续发展的重要手段。在中国，随着社会经济的发展和城市化的加速，城市空间结构的转型与重构成为一个日益突出的问题。

第一节 中国城市建设环境的总体转型

一、转型背景与驱动因素

（一）中国城市建设环境的转型背景

自改革开放以来，中国城市建设环境经历了深刻的变革。这一变革背景主要体现在两个方面：体制转型和城市建设多元化。

中国经济从计划经济体制转型为社会主义市场经济体制。改革开放以前，中国的城市建设主要依靠中央计划和集中调度，城市的发展主要以满足国家工业化进程为导向，以工业为主导。然而，随着改革开放的进行，中国逐渐推动经济体制改革，引入市场机制和市场竞争，推动了经济的多元化和市场化发展。这使得原本以工业为主的城市开始转变为多元化的现代化城市。

城市建设从单一功能向多元化、复合化方向发展。改革开放以前，中国的城市建设主要着眼于满足工业化进程的需求，城市的功能较为单一，主要以工业为中心。然而，随着经济体制转型和市场化的推进，城市的功能需求发生了变化。城市开始注重提升居民的生活品质和城市的综合竞争力，发展商业、金融、文化、教育、科技等多个领域，形成了多元化的城市功能。城市空间的形态和结构也发生了深刻的变化，从以工业区为主的城市布局，逐渐演变为以中心商务区、住宅区、文化娱乐区等多个功能区域构成的城市格局。

这种转型背景下的中国城市建设环境变化具有多个特点。首先，城市空间功能更加多元化，城市的经济、社会、文化等各个方面得到了全面发展。其次，城市空间形态更加多样化，建筑风格和城市景观丰富多样，体现了城市的个性和特色。再次，城市空间结构更加复合化，不再局限于单一的产业布局，而是形成了由多个功能区域组成的城市网络。此外，城市基础设施的建设也得到了大力推进，城市交通、能源、水利等基础设施得到了显著提升。

（二）中国城市环境转型的驱动因素

1. 经济转型

随着社会主义市场经济体制的建立，经济增长模式、产业结构、就业模式等都发生了重大转变，过去以重工业为主导的城市开始向服务业、创新型产业和现代化经济转型，城市的功能和定位也发生了调整。传统的单一功能城市逐渐向多元化、复合化方向发展，形成了以商贸、金融、文化、科技等多个功能领域为支撑的城市空间结构。

2. 政策驱动

政府出台了一系列的城市规划和发展政策，如土地供应制度改革、住房市场化改革等，这些政策的实施引导了城市空间结构的变化。土地供应制度改革的推进使得土地资源配置更加市场化，促进了城市用地的合理利用和优化布局。住房市场化改革的推动使得住房供求关系更加市场化，推动了城市住房的多元化发展。政策驱动为城市的空间布局和功能配置提供了指导和支持，促进了城市建设环境的总体转型。

3. 技术进步

新的建设技术、交通技术、信息技术等的不断发展和应用，极大地影响了城市空间结构的形成和演变。新的建设技术使得城市建筑更加高效、环保、智能化，城市的外观和功能得到了提升。交通技术的进步改

善了城市交通流动性，推动了城市交通网络的建设和优化。信息技术的普及和应用使得城市管理更加智能化，提高了城市的治理效率和服务水平。技术进步为城市建设环境的转型提供了强大的支撑和动力。

二、转型过程中的关键事件

这些关键事件在中国城市建设环境转型过程中起到了重要的推动作用。政策层面的改革和引导为城市空间的优化和发展提供了指导和支持；经济层面的转型和区域发展差异推动了城市经济结构的调整和城市空间的分布变化；技术层面的进步和应用改变了人们的生活方式和城市空间的使用方式。这些关键事件相互交织，共同推动了中国城市建设环境的总体转型。如图 3-1 所示。

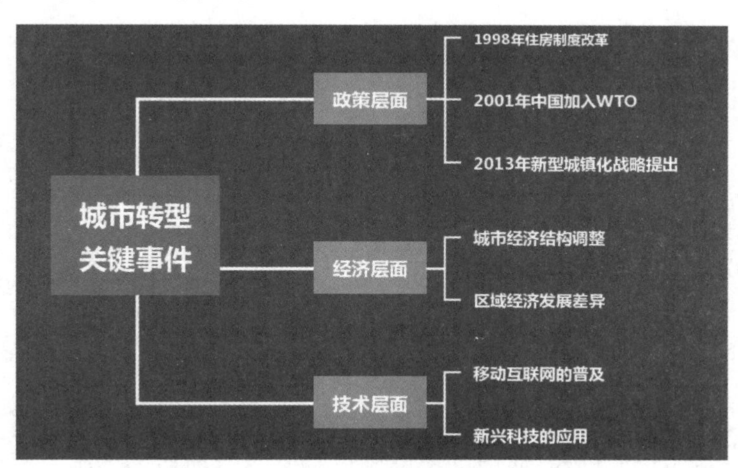

图 3-1　城市转型关键事件

（一）政策层面的关键事件

1. 1998 年住房制度改革

这一改革引入了市场机制，实现了住房市场化。取消了单位分配住房的制度，引入商品房和商业银行贷款等机制，推动了住房市场的发展。

这一改革改变了城市空间分布，促进了住房的多元化和个性化发展。

2. 2001 年中国加入 WTO

加入 WTO 后，中国市场进一步开放，吸引了大量的外资进入。外资的涌入推动了城市经济的国际化和全球化。外资企业的进入，不仅带来了新的投资和经济活力，也促进了城市空间的改善和更新，例如引入了先进的商业、零售和服务设施。

3. 2013 年新型城镇化战略提出

新型城镇化战略提出了城市化发展的目标和路径，强调以人为本、可持续发展的原则。这一战略的提出引导了城市空间的有序发展，推动了农村人口向城市转移、城市基础设施的完善和城市环境的改善。

（二）经济层面的关键事件

1. 城市经济结构调整

中国经济的转型升级带动了城市经济结构的调整。随着第二、第三产业的发展，城市经济由以工业为主转向了以服务业、金融业、科技创新等为主导的现代产业结构。这一经济结构调整也推动了城市空间的转型，形成了以商业、金融、科技等多个功能领域为支撑的城市布局。

2. 区域经济发展差异

中国各个地区的经济发展差异较大，这也影响了城市空间的转型。东部沿海地区率先进行改革开放，吸引了大量的外资和先进技术，形成了经济发达的城市群。而西部地区则面临着发展滞后的问题，政府通过实施西部大开发战略等政策，推动了西部地区城市的发展，缩小了区域间的经济差距。

（三）技术层面的关键事件

1. 移动互联网的普及

随着移动互联网的普及和智能手机的普及，人们的生活方式和行为

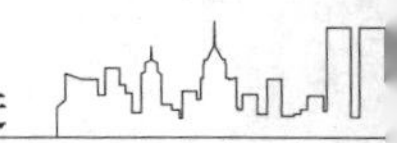

发生了巨大的变化，对城市空间产生了深远的影响。移动互联网的普及使得人们可以随时随地获取信息、进行在线购物、使用各种便捷的移动服务，改变了人们的出行方式、社交方式和消费行为。城市开始建设智慧城市，推动了城市空间的数字化、智能化和互联互通。

2. 新兴科技的应用

新兴科技的不断发展和应用，也对城市建设环境产生了重要影响。例如，人工智能、大数据、云计算、物联网等技术的应用，为城市管理和服务提供了更高效、智能的手段。智能交通系统、智能建筑、智慧能源等新技术的引入，改善了城市的交通拥堵、资源利用效率和环境保护等方面的问题，提升了城市的可持续发展能力。

三、转型对城市建设环境的影响

城市空间结构的转型对城市建设带来了深远的影响。首先，城市功能变得更加复杂和多元，城市空间的使用和配置需要更加灵活和高效；其次，城市空间的开放和连通性增强，城市建设需要考虑更大的空间范围和更多的关联性；最后，随着技术进步和市场化改革，城市建设的主体和方式也发生了变化，不再仅仅是政府主导，而是多元主体共同参与。

首先，转型过程中的城市功能多元化对城市建设的影响明显。例如，商业、居住、娱乐、文化等多种功能的融合使得城市空间设计需要更加综合考虑，不仅仅局限于满足基本的生活需求，而是需要构建更具人性化，更富有活力的城市空间。同时，由于不同功能的城市空间在需求、规模、形态等方面存在差异，如何在一个城市中平衡这些差异，实现多功能的和谐共存，也是城市建设需要面临的挑战。

其次，转型过程中，城市空间的开放和连通性的提升对城市建设的影响也是重要的。城市空间的开放性意味着城市与周边地区，甚至是全球的联系更加紧密，城市建设需要更大的视野和范围，需要考虑到城市与更大空间的关联性和互动性。连通性的提升则要求城市内部的各种空间能够有效地连接和组织，提供便捷的交通和服务，满足人民日益增长的生活需求。

最后，随着社会主义市场经济体制的建立和技术的进步，城市建设的主体和方式也发生了变化。不再仅仅是政府主导，而是市场、企业、社区等多元主体共同参与。这使得城市建设的过程更加复杂，需要在不同利益主体之间找到平衡，实现共赢。同时，新的建设技术，如数字化技术、大数据技术等，也为城市建设提供了新的可能，使得城市空间的设计和管理可以更加精细化、智能化。

第二节　中国城市现代性的转型与空间生产重构

一、城市现代性转型的表现

在全球城市化发展驱使下，城市问题已经成为可持续发展最受关注的主题之一。鉴于中国的人口众多，资源相对不足，以及生态环境的承载能力弱，中国的城市发展必须坚持走具有中国特色的城镇化道路，这也符合可持续发展的基本原则。

反思过去的城市建设经验和教训，寻找适应我国国情的城市可持续发展路径是一项重要任务。我们需要有效地解决城市现代化发展过程中的各种问题和矛盾，例如如何克服现代城市的普遍问题。

在新一轮的城市规划修编及实施过程中，各地都在进行新的尝试和探索。为了适应新的发展需求和挑战，表现出具有现代化转型特征的变化如图 3-2 所示。

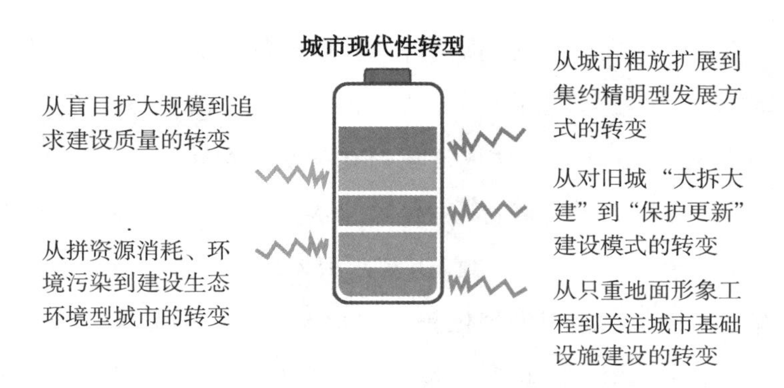

图 3-2　中国城市现代性的转型

（一）从盲目扩大规模到追求建设质量的转变

城市发展过程中，质量转型是一个必要且至关重要的步骤。对于中国这样的快速发展的城市来说，这个转型尤其重要。在过去的一段时间里，中国城市的发展以速度和规模为主，这使得中国成为世界上最大的建筑工地。然而，随着城市化进程的不断推进，问题也随之显现。

首先，过度的城市扩张常常忽视了城市环境的承载能力，这可能导致资源的过度消耗和环境的严重破坏。其次，城市定位常常脱离实际，过度追求规模的扩大，这可能导致城市发展的不平衡和不协调。例如，有超过 80 个城市在城市总体规划中都希望成为国际大都市，建设 CBD，成为国际金融中心。这种追求标志性建筑和“形象工程”的倾向，往往会忽视城市的实际需要和发展的本质。

质量转型成为城市发展的重要议题。这意味着我们需要从单一追求城市规模和速度的发展模式，转变为追求城市效益、土地综合开发利用能力以及建设质量的发展模式。我们需要提高城市建设的工程质量和艺术质量，使城市发展更具效益和质量。

质量转型也意味着我们需要对城市的定位和规划有更加清晰和实际的认识。我们需要根据城市的实际情况和需求，合理规划城市的发展，避免“一刀切”的现象。我们需要在城市规划和建设中，更加注重城市的可持续发展，考虑环境的承载能力，保护好城市的生态环境。

（二）从拼资源消耗、环境污染到建设生态环境型城市的转变

中国城市在过去的发展过程中，常常表现为对资源的高消耗和对环境的大污染。例如，建筑能耗高达发达国家的三四倍，大量占用农田，城市用地一再扩张，城市发展依赖于“卖地”招商引资等。这种发展方式既浪费了宝贵的资源，也对环境造成了严重的破坏。然而，这种对资源和环境的过度消耗和污染与可持续发展的原则是相悖的。为了改变这种状况，城市发展的目标需要从过度消耗资源和污染环境，转变为建设资源节约型、环境友好型城市。

在这个转变中，城市决策者们提出了一系列新的建设方针，例如建设节能省地型住宅及公共建筑，贯彻“四节”建设方针，即节水、节能、节地、节材，严格执行环境保护政策规定，大力保护自然环境生态，保护历史文化遗产等不可再生资源等。

这种转变是城市发展战略思想的重大转变，它不仅有利于实现可持续发展，还有利于实现人居与自然的和谐相处，使“天人合一”的思想真正落实到现代化城市建设中。这种转变也体现了中华优秀传统文化精神在新时代的发扬光大。

（三）从城市粗放扩展到集约精明型发展方式的转变

从粗放型扩展向集约精明型发展方式的转变，是一种自然而然的趋势，同时是对过去建设模式中的问题和挑战的反思和纠正。

在过去的发展中，以追求城市的气派壮观和建设速度为目标，常常忽略了城市细部，导致城市的人情味、艺术感染力、和地方文化特色的缺失。粗放式的建设方式使城市变成了混凝土森林，效能低下且浪费资源。这种“只能远看、只能晚上看、只能看大街正面”的城市，缺乏了

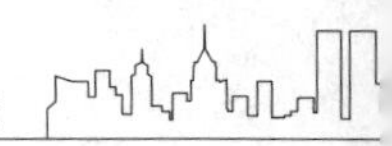

生活的细腻和温度。

现代化的城市发展已经逐渐从粗放型扩展转向了集约精明型。集约精明型城市的发展方式强调高效利用城市空间，追求建设质量而非仅仅的数量，注重城市环境的生态化和人性化，强调城市建设的科学性、规划性和可持续性。这种发展方式下的城市不仅能满足人们的基本生活需求，还能提供更好的生活质量，更高的生活满意度。

在这个过程中，城市规划和建设的理论和实践也在不断进步和发展。例如，城市规划的范围和深度都有所提升，不仅仅关注城市的总体布局，也开始注重城市的细部设计，强调城市空间的多功能性和连通性。城市建设的方式和手段也更加科学和高效，如利用现代技术进行精细化的城市设计和管理，实现城市资源的最优配置。

城市的发展主体也在发生变化。以往的政府主导模式正在向多元主体共同参与的模式转变，市场、企业、社区等都成为城市发展的重要角色。这种多元主体的参与，使得城市建设更加公平和公正，也更加符合人们的多样化需求。

（四）从对旧城“大拆大建”到“保护更新”建设模式的转变

过去的几十年中，城市发展的模式一直在不断变化和发展。尤其是在二十世纪八九十年代的“旧城改造”阶段，大规模的拆除和新建解决了一部分城市的房屋短缺问题，但同时也付出了沉重的代价。特别是对于具有深厚历史文化底蕴的城市和街区，这种简单粗暴的建设方式导致了大量历史文化遗产的损失，使得城市的文化脉络被断裂，城市失去了其独特的个性和特色。同时，随着拆迁问题的出现，居民安置政策和市场经济改革体制之间的错位也产生了诸多社会问题，影响到了城市建设的健康发展。

从对旧城的“大拆大建”模式，转变为更加注重历史文化保护和城市文脉传承的“保护更新”模式，是城市建设发展的必然选择。这种转变体现了人们对于城市历史文化价值的重新认识和尊重，也符合了可持续发展和人文关怀的城市建设理念。

“保护更新”的建设模式不再单纯追求经济建设，而是更加注重文化建设，强调城市的历史文化遗产保护和城市文脉的传承。在这个过程中，城市不再是简单的物质空间，而是充满历史和文化的生活空间。这种转变也对城市建设的主体和方式提出了新的要求。例如，城市建设需要充分考虑到历史文化遗产的保护和利用，需要在更新中保持和弘扬城市的历史文化特色；同时，也需要通过科学的规划和管理，解决好居民的拆迁问题，实现社区的和谐发展。

此外，随着市场经济的发展和社会主义市场经济体制的建立，如何将市场机制与城市的保护更新相结合，也是城市建设需要面临的新的挑战。这需要城市管理者充分利用市场机制，调动各方面的资源和力量，共同参与到城市的保护更新中来。

（五）从只重地面形象工程到关注城市基础设施建设的转变

在过去的一段时间里，许多城市建设的焦点都集中在了地面的形象工程，比如标志性建筑项目等，而对于地下基础设施的建设则相对忽视。这种模式带来的是看得见的地面变化，而地下基础设施的薄弱、管网的老化、污水处理和垃圾处理能力的低下等问题却鲜少得到关注。但随着人们对城市现代化的理解深入，城市基础设施在城市发展中的重要性逐渐被重视。

城市基础设施是支撑城市运行的基础，它直接影响到城市的效率和功能。在许多方面，基础设施的建设水平是衡量一个城市现代化程度的重要指标。例如，良好的交通网络、完善的供水供电系统、高效的垃圾处理设施等，都是现代城市不可或缺的组成部分。因此，重视基础设施的建设，不仅有助于提高城市的运行效率，还有助于提升城市的整体形象。

城市地下空间的开发利用也越来越受到关注。地下空间的开发利用不仅可以提高城市的用地效率，还有助于解决城市的一些问题，如交通拥堵、缺乏公共空间等。这是城市建设的一个重要方向，也是实现城市可持续发展的一个重要手段。

二、空间生产重构对城市现代性的助力

可以发现城市现代性发展过程中，产生了许多复杂的城市空间问题。因而我们需要反思真实的现代性是什么？什么样的城市才是现代性的城市？我们又应该怎样建设和发展具有现代性意义的城市？这些问题成为我国城市未来发展的重要问题。应基于中国社会转型语境，从空间生产重构角度对城市现代性进行理解，进而探索解决城市现代化空间重建的方案，推动中国城市未来的发展，其具体体现如图 3-3 所示。

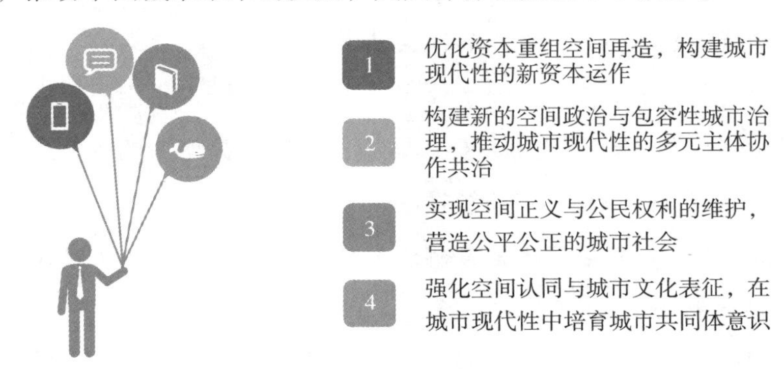

图 3-3 空间生产重构对城市现代性助力的具体体现

（一）优化资本重组空间再造，构建城市现代性的新资本运作

资本运作在城市现代化的过程中占据了核心地位，它既推动了城市的发展，也成为各种城市问题的源头。在空间生产重构中，我们需要对

资本运作进行优化，使其更好地服务于城市现代化的目标。

1. 在城市空间生产中平衡效率与公平

在资本主义体系下，资本主要关注的是空间的交换价值，即空间能够带来多少经济利益。这种方式虽然可以推动经济发展，但也可能导致空间资源的过度开发，忽视了普通民众的多样性需求。因此，通过规划和政策手段，让城市空间生产更多地关注使用价值，即空间能够为人们提供多少实际的生活服务。这就需要我们在生产与消费、需求与供给之间寻找平衡，使城市空间生产能够同时实现效率和公平。

2. 促进政府的角色转变

在城市空间生产的过程中，政府往往扮演着“经营型角色”，主要关注的是如何通过空间生产获取经济利益。然而，这种角色并不符合公共服务的理念。因此，推动政府由“经营型角色”向公共服务型政府转变，更多地关注和投资于就业、住房、社会保障等公共服务。这就需要我们在空间生产的过程中，从次级循环向第三级循环过渡，将资本的投资重点从固定建筑的空间生产转向公共事业。

通过这种方式，在空间生产重构中可以优化资本重组，使资本运作更好地服务于城市现代化的目标。这不仅可以提高城市的生活质量和公平性，也可以促进城市的可持续发展。

（二）构建新的空间政治与包容性城市治理，推动城市现代性的多元主体协作共治

在现代性视域下的城市空间发展，构建一种新的空间政治以及包容性的城市治理，推动城市现代性的多元主体协作共治。其具体做法如下。

1. 扩大城市居民的参与范围和内容

基于平等的原则，尊重并考虑各类异质性人群在公共政策决策、政策执行、公共服务供给、城市规划、社区治理、监管及规制等众多领域

的参与机会。这不仅需要政府和企业的支持和鼓励，也需要积极培育社会组织等非正式组织，为不同群体的利益需要提供及时的参与渠道。

2. 在城市规划中倾听更多主体的意见和建议

在追求经济发展和利润的同时，我们不能忽视城市居民的需求。我们需要通过适当的空间重构来打破社会隔离，促进公共资源的共享，并且协调好政府、市场和社会多元权力主体的利益诉求。

3. 考虑城乡关系

消除城乡的二元对立关系，将农村也纳入到城市发展的视野之内。我们不能以牺牲农村的土地、水资源、环境资源等为代价来推动城市的发展，而应当放弃对短期利益的追求，实现区域的均衡和可持续发展。

4. 保护和维持城市的文化

在改造旧城的过程中，忽视城市的历史和文化，也不能将城市建筑打造为千篇一律的商业景观。充分包容城市文化的多样性，适当保留城市历史，保护人类的记忆。这对于城市认同、城市文化的发展有着重要的意义。

（三）实现空间正义与公民权利的维护，营造公平公正的城市社会

在城市空间的生成过程中，权力和资本的逻辑运作常常引发社会阶级分化、群体利益分化、社会成员身份排斥与认同危机、城市共同体的分化等问题，因此保障公民的城市权利，特别是空间权利，是重建城市社会的现代性模式的关键。

1. 保障城市公民的居住权

城市生活质量和人们的居住质量密切相关。当前，居住空间的分异通常会导致社会的排斥和不平等。所以，我们要积极改善低收入人群的居住条件，重新配置居住空间和社会公共资源，缩小社会群体之间的差异，维护社会低收入群体在城市社会中的利益。这可能包括完善经济适

用房、安居工程等保障性住房建设，以帮助更多的人在城市中立足。

2. 保障城市主体的发展权利

发展权利包括享受社会保障制度、基本公共服务等。构建更加公平、可持续的社会福利保障制度和社会救助等兜底帮扶制度，保障低收入人群的生存权和发展权。同时，要统筹规划和布局公共服务设施，改变公共服务设施空间布局的不均衡和受益人群上的不均衡，完善公共服务设施配置，以促进空间公平。

3. 应该追求社会的公正

空间权利的意义在于矫正空间隔离和权利缺失所造成的社会地位的不平等。在处理社会分层问题时，保障机会公正、程序公正、结果公正的社会公正，并为全体公民创造更多的公正竞争机会。进而真正实现社会的公平公正，让更多的人享受现代城市带来的资源和机会，让不同背景的主体都能共享城市发展的成果。

（四）强化空间认同与城市文化表征，在城市现代性中培育城市共同体意识

强化城市居民的共同体意识对于解决由城市现代性引发的问题以及推动城市的可持续发展具有重要的意义。城市空间不仅是人们集体记忆的载体，也是认同感、归属感和身份感的孕育地。现代性是在时间和空间维度下的变迁结果，而在社会转型的过程中，人们的城市记忆会随着时间和空间的变迁而改变。

首先，在城市景观和建筑的设计中体现出地域的文化特色，使历史建筑与新建筑在城市现代性的发展中成为人们共同认知的元素和符号。建筑不仅是文化的载体，也是强化城市记忆的途径。在城市建筑和街道的设计中留下特色文化标签，突破“千城一面”的现状，以加深人们对特色文化的印象。

其次，保护和发展各地区的都市民俗和仪式。传统的文化仪式和地区风俗是集体记忆的载体和中介，它们维系了人与城市之间的重要生活纽带和情感桥梁。人们通过共享的文化仪式和风俗来构建对城市环境的认知。因此，保护和继承城市传统的仪式、民俗、曲艺、歌舞，不仅是对城市特色资源的维护，也是建构城市认同感的重要手段。

最后，完善社会交往公共空间的建设，为人们提供互动、交流的生活空间。公共空间既满足人们的日常需求，又为人们提供了实现生活方式和情感诉求的平台，为人们建立亲密和持久的关系提供了机会和纽带。通过公共空间的日常交往和生活实践，人们可以构建身份认同感和社区归属感，从而增强城市共同体意识。

第三节　当代大都市区治理与空间转型路径优化重构

一、大都市空间发展演变趋势分析

经济社会转型驱动下，城市空间不断扩张，功能和形态变得日益多元化和复杂化，导致城市空间结构从单一中心、分散点状分布逐渐转变为多中心、网络化的面状分布或带状分布，形成了多核、多中心的大都市区或大都市圈。以下是其主要发展演变趋势：

（一）从单中心发展转向多中心发展

从20世纪60年代开始，国外大都市逐渐摆脱了单一中心发展的传统模式，转向多核、多中心的现代大都市空间格局。例如，东京为了减轻城市核心区人口和功能过度集中的压力，在20世纪60年代开始在原有市中心周围建设了新宿、池袋、涩谷、上野、大崎和临海等六个副都心。莫斯科在1971年的总体规划中也改变了原有的单中心城市结构，在老城核心区周围建设了七个片区，每个片区都规划了新中心，要求它们具备自成体系、相对独立，并在居住、工作和生活三个方面实现平衡。从单一中心聚焦式的发展转向多中心开放式的发展成为国内外大都市空间发展的共同趋势。

这种转变带来了以下优点：

（1）缓解城市中心区压力：多中心发展有助于减轻城市中心区的压力，缓解由于人口和功能过度集中所导致的严重问题，例如交通拥堵、土地紧张和资源不均等。

（2）提高城市运行效率：多中心发展有助于在更大范围内进行城市功能的合理布局，提高城市的运行效率。各个中心之间形成相对独立的功能区域，使不同功能的活动能够更加高效地展开。

（3）促进区域城镇体系发展：多中心发展有助于在区域范围内形成大、中、小城镇分工合理、功能互补、结构健全的城镇体系。这种合理的城镇体系可以促进区域的均衡发展，充分发挥各个城镇的优势和特色。

（二）从蔓延式发展转向轴向式发展

为了遏制由于产业和人口膨胀而导致的城市无序蔓延，构建明确的城市发展轴线成为大都市发展的普遍选择。许多国外大城市采取了这种方式，以引导城市发展、分散城市中心区的人口和功能。例如，巴黎在20世纪70年代沿着塞纳河两岸建设了南北两条发展轴线，沿线长度分别为74.6千米和89.6千米，并在这两条轴线内建设了5个卫星城。华盛顿在20世纪80年代提出了放射性走廊计划，城市功能沿着6条主要交通干线向外延展。伦敦在20世纪90年代沿着泰晤士河确立了（48.3千米）30英里长的发展轴线。

与国外许多大城市的发展趋势相同，国内城市也开始构建明确的城市发展轴线，如北京也在摒弃以往无序蔓延的空间发展模式，转向沿着

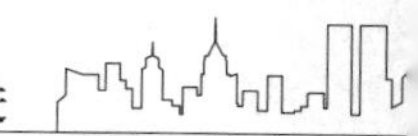

明确轴线发展的模式。北京沿着两条轴线和两个带区进行城市发展，以京津城镇发展走廊为主轴线，并沿着京津唐、京张、京石、京承等主要交通干线延伸。相比于无序蔓延的发展模式，轴向式发展具有明显的优势：它能够为城市发展提供清晰的空间方向；它可以防止城市无序蔓延的现象；它有助于加强城市与外部的联系，便于建立区域间的分工合作关系。国内大都市从蔓延式发展转向轴向式发展是一个明显的趋势。这种转变能够为城市发展提供明确的空间导向，防止城市无序蔓延，并有助于加强城市与外部的联系，促进区域间的分工合作关系。

（三）从市域发展转向区域发展

回顾20世纪以来国际大都市的规划与实践，城市空间发展从市域向区域的转变是最显著的发展趋势之一。具有代表性的国外大都市，如纽约、伦敦、巴黎、东京、莫斯科，已经突破了原有市域规划的限制，采用更广阔的区域视野来考虑城市发展问题。例如，1944年著名的大伦敦规划提出了区域发展和区域平衡的概念。华盛顿在20世纪80年代提出的放射性走廊计划的重要目标之一就是通过发展走廊将华盛顿与区域内的其他城市连接起来，最终实现整个区域的综合发展。莫斯科在1999年底发布的总体规划中也提出，要立足区域角度，促进莫斯科市和莫斯科州的共同发展，形成整个大莫斯科地区的统一发展。

国内大都市，依然以北京为例，尽管北京大都市区的建设处于起步阶段，但其关注的问题已经从最初的解决交通拥堵和控制城市蔓延，转向提升区域整体竞争力。北京与国外大都市的实践经验表明，从区域角度规划城市发展至少具有以下益处：首先，为城市发展提供更大的空间和更多的灵活性；其次，有利于在区域范围内优化和重组生产要素，提高以大城市为核心的区域整体竞争力；此外，通过区域城市化有利于解决由于单一中心过度城市化而导致的区域发展不平衡问题。

二、大都市区治理的挑战和机遇

随着城市化进程的加速，大都市区的治理面临着前所未有的挑战，同时也存在着巨大的机遇。

（一）大都市区治理的挑战

1. 空间管理

大都市区由于其巨大的规模和复杂的结构，使得其空间管理变得尤为困难。传统的行政区划和管理模式已经无法满足大都市区的管理需求，需要寻找新的空间治理方式。此外，大都市区内部的空间差异也日益加剧，如城乡差异、中心区和边缘区的差异、不同区域的社会经济差异等。这些空间差异在一定程度上影响了城市的公平性和可持续性，对于城市治理提出了新的挑战。

2. 公共服务

由于大都市区的人口密度高、人口流动性大，使得公共服务的供给面临着巨大的压力。如何确保公共服务的有效供给，如何满足不同群体和区域的公共服务需求，如何提高公共服务的质量和效率，都是大都市区治理需要解决的问题。此外，随着城市化的深入，大都市区的公共服务需求也在不断变化，如老龄化、多元文化、环保等新的公共服务需求的出现，对于公共服务供给提出了新的要求。

3. 区域协调

大都市区通常涵盖多个行政区，如何实现这些行政区之间的有效协调，是大都市区治理的重要问题。这需要建立有效的区域协调机制，以解决大都市区内部的各种问题，如环境保护、交通规划、公共服务供给等。同时，区域协调也需要考虑到不同区域的特性和需求，以实现公平和有效的治理。

（二）大都市区治理的机遇

在进入 21 世纪的后数字化时代，大都市区的治理面临着前所未有的机遇。在这其中，科技的发展，尤其是数字化和智能化技术，为城市治理带来了新的可能性和视角。

首先，数字化提供了一种新的管理工具和方法。通过收集、分析和使用大数据，城市管理者可以更精确地了解城市的运行状态，预测未来的趋势，并据此制定出更科学、更合理的决策。例如，通过实时交通数据，我们可以实时监控城市的交通状况，预测交通拥堵，并据此调整交通规划和管理。通过环境监测数据，我们可以及时发现和处理环境问题，保护城市的生态环境。这种基于数据的决策，使城市治理更加精确和高效。

其次，智能化为城市治理带来了新的解决方案。人工智能（AI）技术的发展，使得城市管理者可以通过机器学习、深度学习等方法，自动化处理大量的数据，从而提高决策的速度和质量。同时，AI 也可以用于优化城市的各种服务，如公共交通、医疗服务、公共安全等，提高这些服务的质量和效率。这种基于 AI 的城市治理，使城市更加智能和便捷。

最后，大都市区的丰富资源和多元化环境，也为创新和发展提供了广阔的空间。例如，大都市区通常拥有丰富的人才资源、科研资源、文化资源等，这些资源为城市的创新和发展提供了强大的支持。同时，大都市区的多元化环境，也为城市的创新和发展提供了丰富的可能性。例如，不同的文化、社区和行业，可以产生不同的创新想法和解决方案，这些创新可以促进城市的发展和进步。

三、空间转型路径的优化

空间转型是城市发展的必然趋势，而优化空间转型路径对于提高城市治理效率，缓解社会问题，实现可持续发展具有重要意义。因此，应当从多个角度来探讨空间转型路径的优化。

从城市规划和设计的角度，优化空间转型路径至关重要。良好的城市规划和设计是空间转型的基础，它可以有效解决城市的空间问题，提高城市的可持续性。需要合理规划土地利用，避免城市过度扩张和土地浪费。这需要建立在深入研究的基础上，理解城市的自然环境、人口结构、交通流动等因素，制定出科学、合理的土地利用规划。此外，充分考虑城市的自然环境和文化特色，通过规划和设计保护城市的生态环境和文化遗产，使城市空间与自然和文化环境和谐共生。最后，鼓励混合用途和多功能的建筑设计，提高城市空间的使用效率，满足城市居民的多元化需求。

提升城市公共服务的空间均衡性。公共服务设施的空间布局对于城市社会的公平性和居民的生活质量有着重要影响。优化公共服务设施的空间布局，确保所有城市居民都能得到公平的公共服务。统筹城市公共服务设施的布局，避免设施过度集中或分散，提高公共服务的覆盖率和可达性。此外，采用公共交通优先的原则，提高城市居民的出行便利性，减少城市交通的拥堵和污染。最后，通过社区建设和社会组织的参与，提高公共服务的社区化和个性化，满足不同社区和个体的特殊需求。

优化城市空间的社会功能。城市空间不仅是物理空间，也是社会空间，具有重要的社会功能。优化城市空间的社会功能，可以促进社会交往和文化交流，增强城市的凝聚力和吸引力。具体来说，我们需要提升城市公共空间的开放性和包容性，鼓励公共空间的多元化使用，满足城市居民的多种社交和休闲需求。我们还需要保护和利用城市的历史遗迹和文化资源，增强城市空间的历史性和文化性，使城市空间成为传承历史记忆、展示城市文化的重要载体。此外，我们还应通过艺术和设计的

手段，提升城市空间的美学价值和品质，创造更加美好、舒适的城市环境。

在优化城市规划和设计的过程中，可以引入先进的科技手段，如大数据、人工智能等，来提高规划和设计的科学性和精确性。例如，通过大数据分析，了解城市居民的出行模式、生活习惯等，为城市规划和设计提供科学依据。利用人工智能技术，进行模拟和预测，评估不同规划方案的影响和效果，帮助我们选择最优的规划方案。

在优化公共服务设施的空间布局方面，引入公众参与，实现公众对公共服务设施的共同治理。通过社区会议、公众咨询等方式，了解公众的需求和意见，反馈到公共服务设施的布局和运营中。利用互联网和移动通信技术，建立公众参与的数字化平台，方便公众在线参与公共服务设施的管理和决策。

在优化城市空间的社会功能方面，强化城市空间的共享性和公共性。通过设计和规划，提供更多的公共空间，鼓励城市居民参与公共活动，增强社区的凝聚力。利用社区艺术、公共艺术等手段，提升城市空间的文化氛围，增强城市空间的吸引力。

四、优化重构对城市治理的贡献

优化重构是城市发展中的一个重要环节，它对城市治理的贡献主要表现在以下几个方面，如图 3–4 所示：

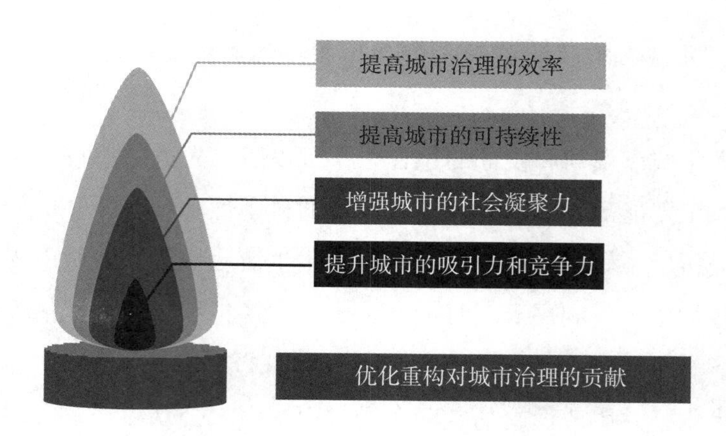

图 3-4　优化重构对城市治理的贡献

（一）优化重构可以提高城市治理的效率

随着城市规模的不断扩大，城市治理面临着越来越大的压力。如何有效管理和利用城市空间，成为城市治理的重要任务。优化重构通过对城市规划和设计的优化，可以有效解决城市空间的利用问题，提高城市空间的使用效率，从而减轻城市管理的压力，提高城市治理的效率。例如，通过合理的土地利用规划，我们可以避免城市的过度扩张和土地的浪费，保护城市的生态环境，提高城市的生态效益。通过混合用途和多功能的建筑设计，我们可以提高建筑物的使用效率，使建筑物在满足人们居住、工作等基本需求的同时，也能满足人们的休闲、娱乐等需求，从而提高城市空间的使用效率。

（二）优化重构可以提高城市的可持续性

城市的可持续性是指城市在满足当代人的需求的同时，不损害未来代人的需求的能力。优化重构通过对土地利用规划和建筑设计的优化，可以减少城市的环境压力，提高城市的生态效益，从而提高城市的可持续性。例如，通过优化土地利用规划，可以避免城市的过度扩张和土地的浪费，保护城市的生态环境，提高城市的生态效益。通过绿色建筑和

低碳建筑的设计，减少建筑物的能源消耗和环境污染，提高建筑物的环境性能，从而提高城市的可持续性。

（三）优化重构可以增强城市的社会凝聚力

城市空间不仅是物理空间，也是社会空间，具有重要的社会功能。优化重构通过对城市空间的社会功能的优化，可以促进城市居民的交往和互动，增强城市的社区感和归属感，从而增强城市的社会凝聚力。例如，通过提升城市公共空间的开放性和包容性，鼓励城市居民参与公共活动，增强社区的凝聚力。通过保护和利用城市的历史遗迹和文化资源，增强城市的文化认同感和文化吸引力，从而增强城市的社会凝聚力。一些城市通过修复和保护老城区，使其成为城市的文化名片，增强了城市的文化魅力和社会凝聚力。

（四）优化重构可以提升城市的吸引力和竞争力

城市的吸引力和竞争力是城市发展的重要驱动力，优化重构通过对城市空间的美学价值和品质的提升，可以提高城市的形象和吸引力，从而提升城市的竞争力。例如，通过公共艺术的手段，提升城市公共空间的美学价值，增强城市的文化氛围，提高城市的吸引力。通过优化城市规划和设计，提高城市的功能性和便利性，从而提升城市的竞争力。更重要的是，优化重构可以使城市更好地适应社会经济的发展和变化，从而保持城市的活力和创新力。

在未来的城市治理中，优化重构的重要性将会日益凸显。随着城市化进程的加快，城市面临的问题也会更加复杂，优化重构提供了一种有效的解决方案。通过优化重构，不仅可以提高城市治理的效率和效果，也可以提高城市的可持续性和社会凝聚力，从而实现城市的和谐发展。

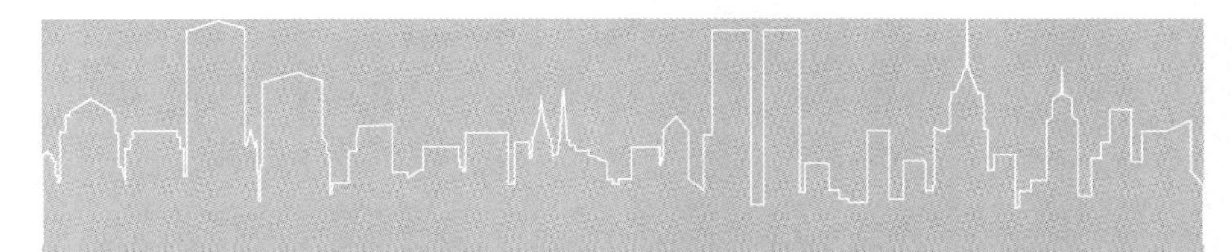

第四章　城市更新空间治理实例分析

第一节　上海“大都市圈”与空间治理的创新模式

2022年9月，由浙江省人民政府、江苏省人民政府以及上海市人民政府联合编制的《上海大都市圈空间协同规划》正式发布，规划都市圈是实现空间治理的有效路径，所以上海大都市圈这一理念的提出可以视作一种空间治理的创新，价值巨大。

一、上海空间治理的相关解释

（一）“治理”的内涵

习近平提出“推进国家治理体系和治理能力现代化”的观点，我国开展了大量与治理有关的研究，“治理”一跃成为热门话题，规划行业更是将所有目光都转向了空间治理，对其内涵以及增强方法展开深入研究。“治理”虽是热门，但人们并没有真正理解“治理”的含义，甚至有些人直接将“治理”视为“管理”的平替，认为两者的内涵基本无变化，这种观念显然是片面的。

区分“管理”和“治理”的方法有很多，最普遍的一种是：治理活动具有多元主体，而管理活动一般都是单一主体。多元主体并不是单纯指主体数量不是单一的，也表明了多元主体之间存在特定的关系。当不同主体之间存在垂直管辖关系时，即多元主体中部分主体从属于某个主体或者某个主体拥有远超其他主体的决定权限时，这种多元主体治理其实仍是传统的自上而下的垂直管理，其本质仍然是管理，是用治理的外衣行使管理的行为，所以不能称为治理。当不同主体之间存在水平并列关系时，即多个主体具有同等权重的决定权和话语权，所有主体通过协商、平等对话的方式来解决问题，这种活动才能称之为治理。

从该角度来看，在以上海为中心，苏州、嘉兴、常州、无锡、湖州、宁波、南通、舟山八个城市为辅打造的上海大都市圈空间协同规划中，上海不能因为是中心就要求在规划中占据主导地位，发挥决定性作用，九个城市都处于同等的地位，规划事宜应采取平等合作、协商的方式决定。但是，对于上海市或者其他八个城市中的某个城市制定的2035总体规划可以由该城市自行决定，即使在编制规划过程中有多个政府部门以及多个行业的民众参与，但这一系列行为仍然属于管理，而非治理，属于各市政府的职权范畴。

“管理”是指在特定领域内，一个主体具备独立决策权，能够对所有相关事务做出决策的行为。而“治理”则是在特定领域内，多个主体需要通过平等协商和横向协调共同做出决策的行为。在处理问题时，那些需要治理的问题决不能简化为管理问题，同时，那些需要管理的问题也不能扩大为治理问题。

（二）空间治理的对象

从空间治理对象的角度分析，完美解决交界面上跨界合作的问题是空间治理的重点。规划都市圈其实就是为了让更多的城市借助都市圈的平台开展跨界面的横向合作。如果城市问题只是单纯边界内的问题，基本上都能通过管理的方式来解决。

空间治理的作用体现在三种情况下：第一种是针对跨行政管辖区域的合作，例如太仓、昆山和嘉定三个城市虽然相邻但行政管辖不同，空间治理成为它们开展跨界合作的最佳途径；第二种是针对不同功能空间的合作，尤其是生态空间的跨界合作。上海大都市圈空间协同规划对东、西、南、北四个方向的五个生态空间（如东海区域、淀山湖周边区域、太湖周边区域、杭州湾区域和长江口区域）进行了空间治理。国土空间规划中的“三区三线”规定了对应空间的功能，而空间治理方法可以解决不同职能平行主体间存在的各种问题，从而改变空间异质性；第三种是针对城市化阶段和发展阶段的异质性。例如，在推动城乡一体化发展过程中，城镇地区和农村地区、先发地区和后发地区之间存在发展不平衡的问题，这可以通过在城乡交界面采取有效的空间治理方法来解决。上海大都市圈空间协同规划的提出旨在通过采用“1+8”模式的空间治理来解决都市圈内各城市交界面和跨界合作的问题。

（三）治理主体的关系

空间治理主体之间的关系主要有三种，分别是政府与政府之间的关系、政府与市场之间的关系以及政府与社会组织、社会民众之间的关系。政府与政府之间的关系可以分为上下之间的府际关系以及横向之间的块际关系或部际关系，其中上下之间的府际关系就是人们常说的上级政府与下级政府之间存在的垂直管理关系，属于管理而非治理。上海大都市圈空间协同规划是一种协商性质的空间治理规划，以政府之间的横向关系为主，这种关系也是空间治理的核心内容。正所谓善政（good government）是善治（good governance）的先决条件。规划都市圈不仅涉及政府主体，还涉及许多非政府的主体，如企业、社会民众和社会组织等，这些主体之间的关系并没有政府之间的横向关系重要。所以，都市圈规划其实就是为了借助政府的横向协作来推动整个区域的发展，打破传统那种不同区域之间的各行其是甚至恶性竞争的局面。中国的治理应结合中国的实际情况，可以采取“五星红旗”模式，即以政府组织这个大星为中心，其他非政府组织的小星围绕大星，即坚持政府力量为主导，发挥政府组织在治理体系和治理能力中的重要作用。当然，这种模式不能应用于只有大星或只有小星的情形当中，只有大星意味着政府一家独大，只有小星意味着没有政府主导，这两种情形都太过极端。规划都市圈，选择的空间治理方式不能是上下政府之间的垂直管理，也不能是以社会、企业为核心，必须坚持政府主导。比如，上海大都市圈空间协同规划就是以“1+8”政府主导并开展跨界合作的，与NGO组织牵头的纽约都市圈规划有显著区别，这些区别也正是中国与欧美国家在空间治理上的区别。

（四）多元利益的冲突问题

国家之所以会实施空间治理，主要是为了协调多元主体的利益博弈，满足每种主体的利益诉求。通过治理求的公约数，确保多元主体既能共担责任，也能共享利益。“1+8”城市联合编制的上海大都市圈空间协同规划，不仅能为“1（上海）”建设成卓越的全球城市提供强有力的支撑，还能借助上海建设成卓越的全球城市的东风带动“8（苏州、嘉兴、常州、无锡、湖州、宁波、南通、舟山）”的发展，提升其城市竞争力，从而将“1+8”城市空间打造成全球极具影响力的空间区域。以“1+8”城市构建的都市圈空间包含九个城市，即包含九个不同的行政管辖空间，合作的方式主要有三种：第一种是由国家成立一个全权掌控整个都市圈所有事宜（合作问题、利益分配等）的专门机构，这种方式其实就是传统的垂直管理，并不是治理。第二种是通过行政手段将九个城市合并成一个城市，直接消除各城市的边界，这种方式最终也属于管理。无论是第一种方式还是第二种方式都是比较低效的管理，而非治理。规划都市圈就是为了摸索第三种方式，一种不需要增加垂直管理，也不需要消除城市边界的通过政府横向之间的合作和协商实现空间治理。以“1+8”城市构建的上海大都市圈并不意味着只规划成一个都市圈，也可以规划成一些小型的、从属性质的宁波都市圈、苏锡常都市圈等都市圈。这种多层次、多中心的复杂都市圈的是一种空间治理的创新，国内并没有其他区域尝试，是一个艰巨的挑战。

二、《上海大都市圈空间协同规划》对于空间治理的作用

上海大都市圈规划对空间治理的作用可以参考东京都市圈，单纯依赖“1+8”都市圈在空间治理中发挥的左右极为有限，以其为基础进行细分才能发挥更大的作用。上海大都市圈的中心是上海主城区，它也是承载上海全球城市所有功能的关键，以其为中心从内向外可以简单分为上海主城区、市域都市圈、近沪都市圈、上海大都市圈四个圈层。

上海主城区与上海大都市圈之间的互动和治理的开展角度如图 5–1 所示。

图 5–1 上海互动治理的三个层面解析

（一）“1+8”城市

“1+8”城市是上海大都市圈规划的最大空间范围，在这个空间范围内的治理工作主要是通过跨界空间治理解决不同空间中具有普适性的相关事宜。上海市政府在 2018 年发布了“上海 2035 规划”，预计在 2035 年将上海打造成卓越的全球城市，并制定了三个分级目标。后来“上海大都市圈空间协同规划”的提出更是在此基础上提出了全球领先的创新共同体、畅达流动的高效区域、和谐共生的生态绿洲、诗意栖居的人文家园四个协同发展目标，并先后打造了 5 个空间板块，开展了 8 项系统行动。根据“1+8”城市过去治理存在的问题分析，当前上海大都市圈首先要解决的是优化生态空间、稳固粮食安全、搭建完善的交通网、构建

创新价值链条。

（二）上海大都市圈的利益整合

上海主城区作为上海大都市圈的中心，它与周边城市或近沪城市在交界面的展开的互动以及跨界合作决定了空间治理的有效性，是解决具体问题的关键。近沪城市包括平湖、启东、海门、吴江、太仓、嘉善、昆山等，这些城市与上海的互动至关重要，尤其是在空间交界处的跨界合作的作用更是不容忽视。在改革开放前有这样的故事，上海的工程师会在星期日等闲暇时间到昆山等近沪城市中为中小企业发展提供帮助，以便于推动城市发展。在改革开放后也衍生出了一些新故事，许多台湾商人会在昆山投资办厂、办企业，但居住在上海的小虹桥地区，并在上海的仙霞路打造出一个个带有台湾气息的社区。如今，上海大都市圈的建立，同样需要谱写出一些包含空间交界处协同发展的新故事。其中，位于大虹桥国际中央商务区西延的三个空间结合处就是空间治理的重点。比如，西南方向与平湖、金山、松江等城市开展的跨界协同发展；西北方向与太仓、昆山、嘉定等城市开展的跨界协同发展；以及正西方向与嘉善、吴江、青浦等城市开展的跨界协同发展。

（三）1+5 市域都市圈

上海主城与五个新城区形成上海大都市圈的第一圈层，也就是“1+5”的市域都市圈。五个新城的建设是上海大都市圈发展的重要组成部分，它们将成为独立的综合性节点城市，承担全球城市核心功能，同时在各自的发展轴上发挥传导和辐射功能，放大上海全球城市的影响。从空间治理的角度来看，上海主城区与三个外部圈层之间的关系也是一个需要解决的重要问题，而不同层次的关系所需要解决的问题和重点也会有所不同。

从都市圈的角度来看，五个新城与上海主城区特别是中心城区是两

个不同的空间区块。它们的发展特别需要治理创新，不能沿袭传统的科层制方式，要尽可能减少垂直方向不利因素的干扰。因此，在解决五个新城的发展问题时，需要探索新的治理模式和管理体制，以更好地促进城市的活力和创新。采用适合新城特点的灵活治理方式，创新城市管理模式，提高政策执行的效率和质量，以及加强城市间的合作和交流等手段，推动五个新城的发展，使它们成为更具竞争力和影响力的城市节点。

《上海大都市圈空间协同规划》为解决长期以来在三个层次存在的问题提供了切实可行的方法，实现了各城市之间的协同发展。规划还注重了区域协调发展和提升综合竞争力的问题，为上海大都市圈的未来发展指明了方向。该规划对于上海大都市圈成为长三角城市群中的强核心起到了积极的作用，为区域发展提供了坚实的基础和保障。

三、从空间治理的角度理解上海“十四五”规划纲要提出“中心辐射、两翼齐飞、新城发力、南北转型”的空间发展新格局

其对于理解上海大都市圈的空间治理和发展也有着重要的启示。从上海大都市圈空间治理的角度来看，上海市的空间布局和发展策略不仅会对上海自身的发展产生影响，而且也会对整个大都市圈的发展产生深远的影响，如图 5–2 所示。

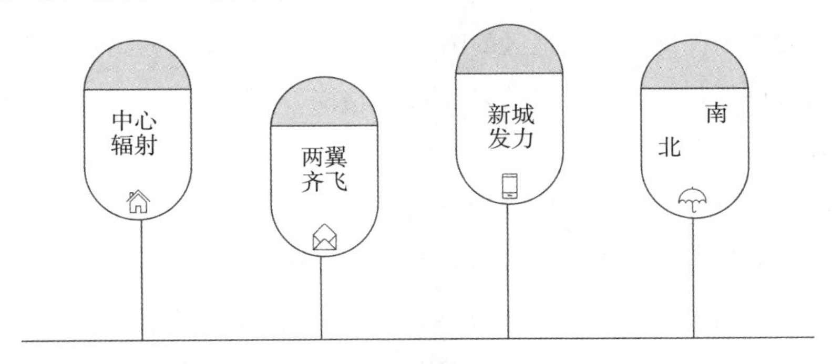

图 5–2　“十四五”规划纲要解析

（一）“中心辐射”

主城区，尤其是中心城区，是上海全球城市功能的主要承载空间。现代发展阶段下上海大都市圈的战略目标旨在协同构建世界级的全球城市区域，创新的核心在于让上海的全球城市功能在大都市圈内实现共享。共享的内容不仅包括非核心功能，还涵盖核心功能。

在上海市域都市圈范围内，临港新片区的南汇新城需要成为全球城市功能的关键承载地，其他新城亦将分担部分全球城市功能。与此同时，在“1+8”的大都市圈范畴内，苏州和宁波已在全球城市榜单中崭露头角。因此，中心辐射在一定程度上体现了全球城市功能的共享化、多元化和分工化。上海主城区需打造能与纽约、伦敦齐名的顶级全球城市，同时培养和提升其他具有潜力的城市的全球城市竞争力。

（二）“两翼齐飞”

上海的城市空间和治理分为两个扇面，这是“2035”规划中一再强调的观点。这种两个扇面的说法可以追溯到1983年汪道涵担任市长时期。观察近十年的发展，尤其是自大虹桥提出构建国际开放枢纽，以及临港新片区倡导打造具有世界影响力的滨海国际城市以来，两个扇面的概念在空间载体和空间分工方面得到了明确的体现。

临港新片区主要致力于成为面向太平洋的国际开放扇面，而大虹桥则着重发展为面向长三角地区的国内开放扇面。要实现两翼齐飞的目标，有必要加强上海市域空间的一心两翼新格局，使两个扇面得到充分的发展和壮大。

在这个过程中，上海市需要继续推动临港新片区与大虹桥的协同发展，充分发挥各自优势，实现资源共享和优化配置。通过加强基础设施建设、产业布局和人才引进等方面的合作，上海市有望进一步提升其国际和国内的开放水平，以实现在全球范围内具有更强竞争力的城市发展。

同时，上海市还需关注环境保护和可持续发展，确保城市空间和治理的两个扇面在发展过程中达到协调和平衡。

（三）“新城发力”

随着城市发展的不断推进，五个新城已经成为市域都市圈范围内的重要组成部分。自去年以来，关于五个新城的发展已经引起了广泛的关注，并完成了各自的城市设计方案。然而，当前面临的挑战在于如何将这五个新城整合起来，形成一个有机的、一体化的市域都市圈，使其共同发挥大都市圈第一圈层的功能。

加强五个新城之间的政策沟通和协调。各新城在制定发展规划和政策时，应充分考虑与其他新城的协同发展需求，以确保各项政策能够协同推进，实现整体优势的发挥。通过加强交通、能源、信息通信等基础设施建设，提高五个新城之间的互联互通水平，从而为市域都市圈的一体化发展创造有利条件。各新城应充分发挥自身的产业优势，同时积极寻求与其他新城的产业合作，实现产业链的延伸和优势互补，推动整个市域都市圈的产业升级和高质量发展。

最后推动五个新城之间的人文交流与合作。通过加强教育、文化、科技等领域的交流与合作，促进五个新城之间的人才流动和资源共享，为市域都市圈的发展注入强大的人文活力。

（四）“南北转型”

“南北转型”是当前研究上海大都市圈发展的最弱内容之一。历年来，上海的发展一直注重东西方向的联通和辐射，交通网络和功能区布局也主要集中在这些方向。但是，与杭州湾南岸的宁波、长江口北岸的南通相比，南北两个地区的发展劲头相对较弱，对外的辐射作用也不太强。

这种现象在一定程度上源于历史和地理因素，因为长江口和杭州湾的隔断使得南北地区发展相对独立。因此，要在上海大都市圈的视野里考量“南北转型”问题，就需要打破上海多年来“东西强、南北弱”的空间辐射格局，采取一系列措施来加强南北地区的协同发展。

在这个过程中，上海大都市圈空间协同规划的专项行动应该更多地关注南北方向，弥补多年来形成的短板。具体来说，北边的宝山转型不仅是产业转型，更重要的是产城融合转型，将成为上海主城区对长江以北地区的辐射点。同理，南边的金山也需要进行产城融合的门户转型，成为上海南向的重要辐射点。

实现南北转型需要同时发挥产业、城市和空间的协同作用。首先，加强南北地区的交通联系，打破区域隔离，增强南北地区的协同发展能力。其次，引导产业优化升级，推动南北地区的产业转型。同时，还需要注重南北地区城市空间的规划和设计，促进城市发展与空间结构的协同，以提升南北地区的整体发展水平。

四、上海大都市圈实现空间更新与治理双碳目标的创新路径

习近平在第七十五届联合国大会一般性辩论上宣布，中国将提高国家自主贡献力度，力争于2030年前将二氧化碳排放达到峰值，2060年前实现碳中和。实现这一目标需要整个经济社会系统的变革，而城市圈或区域层面的双碳发展也是关键之一。要实现双碳发展，重点和难点也存在很多。空间方式对于双碳发展的意义，要远远大于技术方式的效率提高。如果只有双碳技术的改进，没有空间方式的变革，要实现双碳发展也是不可想象的。对于促进城市空间结构的优化和改进，从以下四方面着手，如图5-3所示。

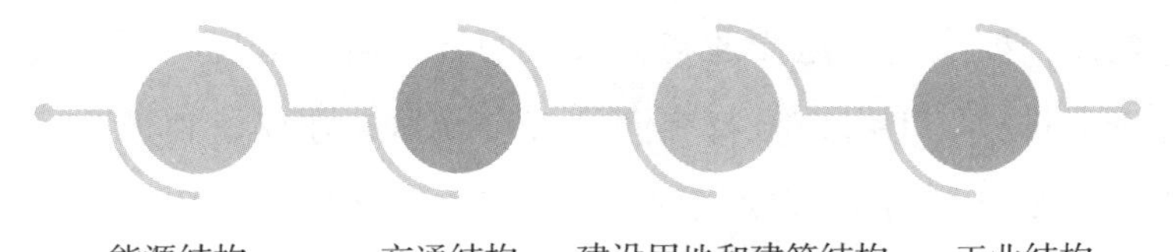

图 5-3　促进城市空间结构的优化改进方向

（一）能源结构

中国的能源布局可以总结为“北煤南运、西电东输、西气东输”，即西部地区主要是能源供给侧，东部地区主要是能源使用侧。这种空间布局使得沿海城市的能源消费更加集中，而分布式能源则成为补充的选择。这样的空间布局一方面有利于东部发达地区减少碳排放，另一方面有利于西部地区利用新能源解决经济发展和共同富裕问题。

在上海大都市圈范围内，沿海一带发展可再生能源，如风能、太阳能等，如果与上海、苏州等城市的能源使用端统筹进行规划建设，就可以在空间上形成合理的互补。最近，国家在空间布局上推出了“东数西算”的大战略，在西部地区如贵州、内蒙古、宁夏、甘肃等地要强化建设算力中心。这是因为数据中心是非常耗电的，将其放置在空间开阔、可再生能源丰富的西部地区，接近能源生产供给侧，有利于减少能耗和碳排放。长三角、珠三角、京津冀和成渝地区也都有算力中心，其中长三角枢纽的两个算力中心之一便是在一体化示范区。此外，华为在青浦还计划建设 3 万人的数字技术研发机构。这些举措为原先较少发展、生态环境比较好的地方提供了绿色崛起的机会，同时也证明了所谓“有风景的地方就有新经济”的说法。

（二）交通结构

为实现双碳发展目标，城市交通需要从私人小汽车转向轨道交通出行方式。地铁、郊铁、城铁、高铁等轨道交通的发展对城市的发展至关重要。然而，要实现轨道交通与城市的融合，需要从规划的源头降低人为地运输碳排放。上海市域都市圈的五个新城，在建设轨道交通网络中需要特别注意避免站城不融合的问题。现在一些轨道交通站点选址偏离城市，这对于实现双碳发展目标是不利的。

在新城规划和建设中，必须注重轨道交通站点的选址与城市的融合，从源头降低碳排放。这可以通过站城融合等方式实现。同时，新城建设还需要遵循可持续发展的原则，合理规划城市布局和交通网络，减少碳排放和能源消耗。通过这些措施，才能实现新城的可持续发展，推动上海市域都市圈实现双碳发展目标。

（三）建设用地和建筑结构

建筑碳排放上，单位建筑面积的碳排放减少并不一定会带来建筑碳排放总量的减少。以五个新城的发展规划为例，到 2025 年，每个新城的人口将各自增加到 100 万人甚至更多，住房建筑面积需要相应增加。尽管现在新城规划的建筑设计注重降低单位建筑面积的碳排放，但基本没有对总量意义上的碳测算进行充分的关注，这是存在问题的。如果只关注单位建筑面积的碳排放，而忽略建筑面积的总量增加将使碳排放总量增加的事实，那么就无法实现减排目标。在未来新城建设中，必须对建筑面积的刚性增长进行充分的研判，根据可以承受的碳排放总量倒推单位建筑面积的碳排放控制指标，才能实现建筑碳达峰的目标。

（四）工业结构

工业结构的碳排放包括传统产业和新兴产业两个方面。钢铁、化工、建材和有色金属等四个传统产业部门是工业碳排放最多的领域。在南北转型的基本面中，关键是将产业向高端化、服务化和下游化方向提升，实现钢铁和化工产业的转型。上海计划建设数字之都，发展数字中心也会面临高耗能和高碳排放的挑战。

城市中的工业、建筑、交通等空间是相对增碳的，而城市中的森林、湿地等蓝绿空间则有减碳的作用。因此，在城市规划和管理中，需要利用空间手段来实现碳源空间和碳汇空间的一定程度对冲。国土功能分区概念强调了生态保护区与生态红线、农业空间与永久基本农田红线以及城镇空间和城市开发边界等三区三线，这具有双碳发展意义。在双碳背景下，空间发展和治理需要与生态保护线、永久基本农田红线以及城市开发边界等三区三线相关联，并与能源、工业、建筑、交通四个结构的空间占用和转型发展相结合。

五、上海“大都市圈”规划与建设展望

上海大都市圈空间协同规划是一项旨在实现上海大都市圈内城市协同发展、资源共享和环境保护的创新性任务。该规划的编制过程是一项理论求索和实践创新相结合的新型城市规划工作。规划实施过程需要各方共同努力和参与，这不仅仅是一项城市规划工作，更是一项全球合作的任务。通过参与全球视野，上海可以在城市规划的创新道路上走得更远、更高、更快。

在实现这一目标的过程中，上海需要创新思维和方法，从自身发展实践中创造可以推广到全球的理论和方法。这种由内而外的新海派文化和思维可以帮助上海展示和发扬自身的特色，推动中国城市规划的典范建设，并对全球城市规划的发展做出重要贡献。

第二节　北京“全域型”城市更新模式

城市更新成为城市高质量发展的重要推动力之一。城市更新的方向也从早期的旧城改造转向了更多元化的综合更新方向。城市更新的主要

模式也从单一的旧城改造发展为有机更新、片区统筹更新和全域更新等多种形式。

在2022年7月12日举办的首届北京城市更新论坛上，住房和城乡建设部总工程师李如生表示，北京市是全国首个减量发展的城市，也是第一批城市更新试点城市。他希望北京市积极探索在超大城市减量发展背景下的城市更新路径和方法，为实施城市更新行动贡献更多的北京经验和模式。

北京市副市长隋振江也表示，北京将坚持以城市总体规划为统领，以推动新时代首都发展为方向，努力探索适合首都特点的城市更新之路。这也表明，北京市正在积极探索符合自身特点和需要的城市更新模式，为未来的城市发展提供更多的借鉴和参考。

北京市在城市更新方面有着丰富的探索和经验。其中，在老旧小区改造和园区更新领域，北京市已经探索出了“劲松模式”“首创经验”和“亦庄模式”等具有全国推广价值的样板。中交城市更新公司通过石景山城市更新项目的初步实践，提出了“全域型”城市更新模式，将城市更新的内涵扩展至城市片区的空间结构调整、产业结构升级、土地资源整理、生态环境提升、区域功能重塑等多个方面。该模式通过区企合作最大程度发挥平台作用，并通过全业务角度策划项目价值，借一个项目创新中交城市更新商业模式和资源体系。这一理论和实践探索将为减量发展背景下的城市更新提供全新的思路。

一、北京“十四五”城市更新规划体现减量发展理念

北京市“十四五”城市更新规划是北京市推动城市可持续发展的重要措施。这一规划明确提出，要加强生态环境保护和修复，强化城市绿色肺的建设，加强土地资源节约利用，推进城市更新与土地资源合理利

用相结合，推动产业结构优化升级，加强产城融合发展，加强社区建设，提升居民生活质量。

（一）生态环境保护

注重生态环境保护和修复，加强城市绿色建设，强调水资源保护和管理、生态农业和生态旅游发展等。这一做法体现了减量发展的理念，通过加强城市绿化和生态修复等措施，实现城市更新与生态环境协同发展。

（二）土地资源利用

注重资源节约利用，加强土地资源节约利用，推进城市更新与土地资源合理利用相结合。此外，规划还加强能源、水资源和固体废弃物的管理，加强可再生能源的利用等，进一步加强资源节约利用。

（三）产业结构优化

注重产业结构优化升级，强调产城融合发展，推动产业结构优化升级和创新发展。这一做法符合减量发展的思想，通过优化产业结构和促进产城融合，实现城市更新与经济发展协同发展。

（四）加强社区建设，提升居民生活质量

明确提出要建设更多的社区公共服务设施，提高社区服务水平，加强社区治理，提升居民自治水平和社区管理水平。这一做法体现了减量发展的思想，通过加强社区建设，实现城市更新与社会发展协同发展。

二、片区综合开发更新到片区统筹更新的模式转变

中国城市更新的模式转变主要是从传统的片区综合开发更新模式到片区统筹更新模式的转变。传统的片区综合开发更新模式是以单个地块为单位进行开发和更新，往往缺乏对整个片区的综合规划和统筹安排，导致城市更新过程中可能存在的问题和矛盾未能得到全面解决，无法实

现整个片区的有机发展。

而片区统筹更新则是以整个片区为单位进行规划和更新，充分考虑各个地块之间的关系和影响，以实现整个片区的有机发展。这种模式下，城市更新的目标将更加全面和具有针对性，城市更新将更加集约化、节约型、绿色生态型，更加符合可持续发展的理念。

在实际的城市更新实践中，片区统筹更新模式得到了广泛应用和探索。例如，北京市在城市更新中，逐步转向以整个片区为单位进行统筹规划和更新，实现了老旧小区改造、公共服务设施建设、道路交通改善、环境整治等多个方面的综合更新。上海市也在城市更新中采用了片区统筹更新模式，通过规划整个城市片区，实现城市更新和城市功能的有机结合，促进城市更新和城市发展的协同发展。

在片区统筹更新模式下，城市更新规划更加注重城市空间的整合和优化，避免城市更新过程中的城市空间碎片化和失序，促进城市空间的连贯性和完整性。市政公用设施建设也更加注重整合和协调，不再仅仅满足单一地块的需求，而是以整个片区为单位进行规划和建设。居住区和公共服务设施建设也更加注重多样化和综合性，不再仅仅注重单一功能的实现，而是考虑到整个片区的居民生活和社会需求。城市交通也更加注重整合和协调，以提高城市交通的效率和安全性。

片区统筹更新模式的更新目标也更加注重集约化、节约型、绿色生态型。在土地资源整理上，更加注重土地资源的集约化利用，避免过度消耗土地资源。在生态环境提升方面，更加注重城市更新的生态保护和生态修复，促进城市的可持续发展。

在实际的城市更新实践中，片区统筹更新模式也得到了越来越多的应用和探索。北京市在城市更新中，逐步转向以整个片区为单位进行统筹规划和更新，实现了老旧小区改造、公共服务设施建设、道路交通改

善、环境整治等多个方面的综合更新。

三、片区统筹更新的路径

建立健全的城市更新规划体系是片区统筹更新的关键片区统筹更新的核心目标是实现民生改善、文化传承、产业升级和功能发展等目标，这个过程涉及城市规划设计、历史街区保护、产业导入、融资、社区治理等多个方面的问题，需要各参与主体在统筹协调和运营能力方面做出极大的努力和贡献。它可以实现对整个片区的统筹规划和安排，以确保城市更新的各项工作有序开展。为此，需要制定完善的城市更新规划制度，建立规划编制、审批、实施、监测和评估的各项制度，确保城市更新规划与城市总体规划相衔接、相互协调。同时，要注重对市场需求和社会发展趋势的研究，充分考虑居民的需求和利益，建立参与民主决策的机制，确保规划的科学性和可操作性。此外，还要注重规划的动态调整和优化，根据实际情况对规划进行适时修订和完善，以确保城市更新工作的顺利开展。

政府在片区统筹更新中具有至关重要的作用。为了确保整个片区的更新工作有序推进，政府需要加强各方利益的协调与整合，充分发挥自身优势，与企业、社会组织等各方建立良好的合作关系和协调机制，促进城市更新工作的全面开展。政府应当积极发挥协调和推动的角色，发挥政策引导的作用，制定相关政策、规划和计划，引导市场资源合理配置，推动片区更新的有序进行。同时，政府还应加强对城市更新工作的监管和管理，加强法律法规制度的建设和实施，确保城市更新工作合规、规范、有序推进。

市场机制应充分发挥作用，以推动城市更新工作的有序开展。在片区统筹更新中，市场机制是重要的力量之一，应充分利用市场机制，引导市场资源有序流动，推动城市更新的高效实施。政府可以通过制定相关政策，鼓励社会资本参与城市更新工作，推动城市更新工作向市场化方向发展，加速更新进程，提升更新效率。同时，应该加强市场机制对城市更新工作的监管，确保市场行为的合法、公正，避免不良竞争和不规范行为的发生。

城市更新工作需要加强监管和评估，以确保其实施过程按时按质完成，同时取得可持续发展的成效。这需要建立完善的城市更新监管和评估机制，对城市更新的各项工作进行监督和评估，及时发现和解决问题。同时，还需要建立科学的城市更新评价指标体系，从经济、社会、环境等多个方面对城市更新工作进行评估，确保城市更新工作取得可持续发展的成效，并为未来的城市更新工作提供经验和借鉴。政府部门、社会组织、专业机构等多方应当积极参与城市更新工作的监管和评估，共同推动城市更新工作的高效、顺利实施。

四、北京全域更新模式探索

（一）“全域型”城市更新的理念与创新

城市更新是我国城市发展的重要环节，其发展趋势已经从早期单纯强调改善“物质空间”，逐渐转向实现经济、社会、空间和环境等多方面的改善目标。同时，城市更新的范围也由局限于“社区”扩展到“区域”，参与主体也由政府扩展到市场，其涉及的方面也从单一的规划设计转变为涉及历史文化保护、产业升级、融资、社区治理等多个方面。

为了应对这一趋势，中交集团通过石景山西部地区城市更新项目的成功经验，创新提出了“全域型”城市更新模式。这种模式将城市更新的内涵扩展至城市片区的多个方面，例如空间结构调整、产业结构升级、土地资源整理、生态环境提升和区域功能重塑。通过区企合作，最大程度发挥平台作用，坚定西部地区走城市更新的战略思路，在减量发展中提高各方参与的积极性，实现全方位、多角度、高效率的城市更新。

这一更新模式的成功在于它将城市更新的范围扩展至整个城市片区，从而实现了城市更新的全面发展。中交集团通过区域性的战略规划和区域性的更新模式，将城市更新与区域发展相结合，进一步促进了区域的经济、社会和环境发展。此外，通过区企合作的方式，中交集团也有效地提高了各方参与城市更新的积极性，实现了政府、企业、市民之间的协同发展。

（二）"全域型"城市更新

"全域型"城市更新的内容如图 5-4 所示。

图 5-4 "全域型"城市更新

1."全域化"的更新范围

传统的城市更新范围仅限于社区或街道，而"全域型"城市更新则将更新范围扩大到整个区域，开展全面、系统的城市更新行动。

2."全域化"的城市资源

城市资源是指所有可开发、可利用且能产生效益的物质、能量和信息的总和，包括自然资源、社会资源、文化资源、科技资源和大数据资源等。在"全域型"城市更新中，对城市资源进行评估和识别，发掘其潜力和内在联系，优化利用模式，实现城市资源的全面高效利用和价值转化。

3.“全域化”的更新业务

全域化是推进城市更新业务的一种方式，社会资本在整个产业链中扮演着统筹能力的角色，提供规划、投资、资本运作、施工建设和产业运营等一揽子服务。社会资本与政府平台紧密合作，共同实现全方位、全产业的赋能和协同，推动城市更新事业的持续发展。

4.“全域化”的项目周期

通过采用全域化的项目周期，社会资本可以深度参与城市更新项目的前期规划和开发，统筹投资、招商和运营，并一直参与到项目移交和退出阶段，实现整个项目的全过程参与。这样的做法可以充分调动企业优质资源，为政府提供顶层设计和推动项目的实施。同时，这也可以提高项目的运营效率，使城市更新工作更加顺畅和有效。

5.“全域化”的资金统筹

通过建立全方位的平台，在资金统筹方面进行探索，不仅采用传统盈利模式，还将科技、产业、消费、金融等多种业态进行融合，形成生态系统，并放大协同效应，策划增值收益，从而实现系统盈利。

6.“全域化”的服务客群

拓展服务对象范围，不再局限于政府客户，将服务对象拓展至政府、企业、消费者等全客群领域，实现全方位服务。这种做法可以提高服务质量和效率，促进城市更新的顺利推进。

（三）“全域型”城市更新的实践与思考

“全域型”城市更新的创新运用是符合未来城市发展理念的，其全面考虑城市资源，更有效地利用城市资产，在注重提升市民获得感和幸福感的同时，也为企业培育新领域的核心竞争力做出贡献。中交集团与石

景山区的合作为这种全新思路的实践提供了范例。

通过“全域型”城市更新的实践与思考，可以发现它的创新运用是符合未来城市发展理念的。这种更新模式全面考虑城市资源，更有效地利用城市资产，以实现城市的可持续发展为目标。同时，它也注重提升市民获得感和幸福感，为企业培育新领域的核心竞争力做出贡献。

中交集团与石景山区的合作为这种全新思路的实践提供了范例。在石景山西部地区城市更新项目中，中交集团充分发挥了自身的综合优势，引入社会资本，与政府合作，实现了城市资源的共享和优化。在此过程中，中交集团提供了全方位的服务，如规划、投资、资本运作、施工建设和产业运营等一揽子服务，与政府平台实现全产业链、一体化统筹。

通过“全域型”城市更新的实践，可以看到这种更新模式的优势所在。它不仅可以最大化地调动社会资源，促进城市更新工作的高效实施，还可以实现政府与社会资本的共赢，为城市的可持续发展提供了更多的可能性。在未来的城市更新领域，片区统筹更新将逐渐扩展到“全域型”城市更新，从而实现片区从内到外、从里到面的全面更新。这种模式为城市更新的实践之路提供了全新的思路和办法，其积极推广应该成为未来城市更新的一个主要方向。

第三节　广/佛“管理型”与“服务型”更新治理模式

在现行的政治体制下，城市更新治理的核心是政府的权力下放与让利，以推动存量建设用地土地产权交易。这种治理模式的制度设计受到“政府—市场—社会”关系格局的影响，而这三者在城市更新治理中处于不同的博弈地位，形成了两种城市更新治理模式，一种是政府相对“集权”的“管理型”治理，另一种是三者关系相对均衡的“服务型”治理。

随着城市发展从增量走向存量，城市更新治理模式也必须随之转变。“城市更新治理”成为学术界广泛讨论的热点话题之一。以广州、佛山为例，研究了两地的治理模式及其实施效果，从政策目标、治理结构、土地交易成本与土地增值收益分配等方面进行了分析。两地的治理模式虽然存在差异，但都在探索如何更好地协调政府、市场和社会的关系，推动城市更新的可持续发展。

在城市更新治理的实践中，应该注意三者之间的平衡，尤其是政府的角色与市场、社会的角色之间的协调。在此基础上，应该根据实际情况选择适合的治理模式，并不断探索新的模式，以适应城市更新治理的发展需求。张磊总结“治理”模式包括由政府主导的一元治理模式、由政府与开发商联盟为主要特征的“增长机器”“增长联盟”型治理模式，由开发商与社会联盟构成的以市场为导向的治理模式，以及社区自主更新的治理模式等[①]。郭旭等提出存量建设用地治理的核心是土地产权交易与土地增值收益分配，而决定治理模式抉择的背后力量是“政府—市场—社会”关系格局。[②]严若谷等追溯了近年来英文文献中大量出现的有关“urban regeneration”的研究，分析了国外地区在不同阶段采用的更新政策、更新模式、更新手段和方法等，提出应注重研究城市更新同城市建设、经济发展的内在联系机制，同时应研究不同更新策略以及产权制度影响下的不同社会利益集团之间的行为关系，对城市更新政策制定有重要实践意义[③]。

① 张磊“新常态”下城市更新治理模式比较与转型路径 [J]. 城市发展研究，2015，22（12）：57-62.

② 郭旭，田莉．“自上而下”还是“多元合作”： 存量建设用地改造的空间治理模式比较 [J]. 城市规划学刊， 2018（1）：66-72.

③ 严若谷，周素红，闫小培．城市更新之研究 [J]. 地理科学进展， 2011 ，30（8）：947-955.

城市更新治理已成为城市发展中的一个重要议题，近年来已有大量研究成果。这些成果包括理论分析框架构建、政府、市场、社会三者关系的研究，以及城中村、旧工业区等特定地区城市更新模式的实践总结。然而，从交易成本的角度出发，结合城市建设和经济发展的背景条件，对城市更新治理的作用机制和实施框架的分析还需更加深入的探讨。

一、城市更新治理的主体角色及相关理论

城市更新的主体一般包括政府、开发商（投资人）、产权人等，政府—开发商—原业主作为城市更新中主要的利益构成主体，三者之间的治理是核心的治理关系，成为研究治理格局的基本框架。

（一）城市更新治理的主体角色——法团主义视角

法团主义视角是城市更新治理的主要理论之一，强调城市更新是由不同的组织和团体共同参与的一个复杂过程。在这个视角下，城市更新的主体包括政府、开发商、产权人、社区居民、环保组织等各种利益相关方，每个主体都有自己的利益和需求，并且在城市更新过程中都要扮演不同的角色。

在法团主义视角下，政府是城市更新治理的主导者，其职责包括制定城市更新政策和规划、统筹协调各方利益、监管和评估城市更新项目等。政府应该积极参与城市更新过程，确保市民的利益得到充分保障。开发商是城市更新的重要利益相关方，他们承担着城市更新项目的设计、投资和建设等任务。开发商应该考虑到社会责任和公共利益，遵守相关法规和规定，确保城市更新的可持续性和社会效益。产权人是城市更新的权利拥有者，通常是房屋的原业主。他们有权决定是否参与城市更新项目，以及对城市更新方案的意见和建议。政府和开发商应该尊重产权人的权利和意见，确保他们的合法权益得到保障。

社区居民是城市更新的最终受益者和承受者。他们的需求和意见应该得到充分考虑，应该在城市更新过程中得到适当的参与和代表。政府和开发商应该尊重社区居民的权利和意见，与他们进行充分沟通，确保城市更新方案符合他们的利益和需求。环保组织则是城市更新的监督者，负责保护生态环境和公共利益。他们应该积极参与城市更新过程，监督城市更新项目的环保和公共利益，确保城市更新的可持续性和社会效益。

（二）城市更新治理的相关理论——合作治理视角

合作治理视角认为，城市更新治理不应该是由单一主体或部门决策和实施的，而是应该成为一个多元主体之间的合作过程。在这种视角下，不同利益相关方应该以共同利益为基础，通过协商和合作，共同制定城市更新的方案和实施方案。这种合作过程应该建立在相互信任和尊重的基础上，各利益相关方应该承担相应的责任和义务，共同推进城市更新项目的实施。

政府在城市更新治理中应该发挥协调作用，将不同利益相关方的利益整合到城市更新的方案中，实现共赢。政府应该引导和协调各利益相关方之间的沟通和协商，建立一个公平、公正、透明的城市更新决策机制，让各方都能够参与到城市更新的决策和实施中。政府还应该为多元主体之间的合作提供必要的支持和保障，包括法律、资金、技术等方面的支持。

（三）城市更新治理的相关理论——治理网络视角

治理网络视角强调实现多元主体之间的协同作用。在这个网络中，政府应该扮演协调者和支持者的角色，而非单一的控制者。政府需要与企业、社会组织、居民等各主体密切合作，共同制定城市更新的规划和实施方案，共同分担风险和责任，共同推动城市更新的发展。

在治理网络中，企业可以发挥其资金、技术、管理等优势，参与到城市更新的各个环节中。社会组织则可以发挥其社会资源和组织力量，促进城市更新的社会参与和民主决策。居民作为城市更新的直接受益者，应该得到充分的参与和表达意见的机会，从而保障其利益不受侵犯。

在建立城市更新的治理网络时，应该考虑各主体之间的互动和相互依存关系，强化各主体之间的合作和协同，实现治理网络的自治性和协作性。此外，治理网络还应该具有灵活性和适应性，以应对城市更新过程中的变化和不确定性。治理网络应该是一个开放的、不断演化的系统，不断吸纳新的主体和资源，不断适应城市更新的发展需求。因此，比较两个城市在政策目标、治理结构、利益协调机制、实施效果等方面的差异是十分必要的。广州和佛山都是广东省内的先进城市，对于城市更新的治理模式进行比较，可以为其他城市提供有益的参考和借鉴。同时，探讨两个城市在城市更新过程中所面临的问题和挑战，可以促进对城市更新治理模式的进一步完善和优化，推动城市更新更加高效。

二、广佛存量用地更新治理模式的对比

（一）广州："管理型"存量用地更新治理模式

随着城市化进程的加快，城市用地的更新和开发已成为许多城市面临的重要问题。在广州这样的大城市中，存量用地更新和治理显得尤为迫切。为此，广州市探索了一种新的"管理型"存量用地更新治理模式，旨在通过加强政府监管和引导市场力量，实现城市空间的合理利用和社会效益的最大化。为了解决这一问题，广州市启动了"三旧"改造用地标图建库规划，涉及的面积达到了 583.74 平方千米，占现状建设用地的 31%。在存量空间有限的情况下，广州市正在重视存量空间的再利用，将其作为未来土地开发利用的重点。

1. 实施过程与目标

自 2009 年开始，“三旧”改造工作在广州市正式启动，旨在解决城市老旧工业区、棚户区、旧村落的问题，实现城市更新和转型升级。然而，随着时间的推移，广州市政府的“三旧”改造政策目标也经历了多轮变迁。在 2012 年之前，政府主要着力于推动存量建设用地市场化，以解决原土地产权人对城市更新缺乏动力的问题。政府发布了《关于较快推进“三旧”改造工作的意见》，采取“政府引导、市场运作”的原则，允许市场主体通过拍卖、招标等方式获取存量建设用地，并鼓励他们以市场化方式进行更新开发。然而，这种模式在实践中存在一些问题，如市场竞争不充分、政府监管不到位、社会公平性不高等。

广州市政府逐步探索出一种新的“管理型”存量用地更新治理模式，即通过加强政府监管和引导市场力量，实现城市空间的合理利用和社会效益的最大化。政府加强了存量用地管理和监管，建立了土地托管机制，通过土地托管、招标等方式，引导市场主体进行存量用地更新开发。此外，政府还加大了对老旧工业区、棚户区和旧村落的改造力度，通过“拆旧建新”等方式，改善居民生活条件，提高城市环境质量。

广州市政府在对前一阶段“三旧”改造工作出现问题的反思之后，于 2012 年颁布《关于加快推进“三旧”改造工作的补充意见》(20 号《意见》)，提出了“政府主导、成片连片、配套优先、应储尽储”的原则，旨在强调政府主导作用并突出公共利益的优先性。政府对土地出让金收益分成比例的调整，可能导致市场主体参与存量用地改造的积极性降低，进而影响城市更新和转型升级的进程。为了平衡财政支出和市场发展的利益，政府应该考虑更加灵活的财政调控手段，如适时降低出让金的比例，引导市场主体积极参与存量用地的开发和更新。此外，政府还应该加强对市场的监管，推动市场化改革的进程，以提高市场竞争性和公平

性，促进城市更新和转型升级的可持续发展。

2016 年 1 月广州市实施《广州城市更新办法》以来，城市更新工作进入了一个常态化发展阶段。政府在这个阶段不仅需要应对城市转型升级的紧迫需求，而且将城市更新目标从过去单一的经济效益转向多元化的综合目标，注重产业转型升级、历史文化保护和人居环境改善。同时，政府也注重城市更新项目的长期效益和可持续发展。然而，广州每年需要出售大量土地以支撑公共财政支出。为确保土地一级市场的出让收益，政府进一步加强了对城市更新项目的规划审批和计划管理，以控制城市更新的推进节奏。该法规强调政府主导作用和公共利益优先，注重产业转型升级、历史文化保护和人居环境改善，为广州城市更新工作注入了新的发展动力。

2. 实施框架与机制

从广州城市更新的实施框架和机制的角度来看，城市更新工作经历了三个阶段。在前期，市场主导是推动城市更新的主要力量。但随着城市更新工作的不断深入，政府逐渐加强其在城市更新中的主导地位，通过自上而下的规划管控、建立“管理型”治理框架，将市场、社会整合进其设定的发展路径与计划安排之中。主要体现在：政府采取了重点地区政府优先收储的土地产权制度设计，通过土地管理、规划、审批等手段，控制了城市更新的节奏和规模，实现了城市更新工作的有序推进。此外，政府还加强了对城市更新项目的监管和评估，以确保城市更新的质量和效益。在这个过程中，政府和市场、社会各方利益相关者的角色和关系也在不断变化和调整，逐渐形成了一个更加完善的城市更新治理机制。主要包括以下几方面实施机制，如图 5-5 所示。

图 5-5　广州城市更新的实施机制

（1）强调公益优化、连片改造的规划管控模式。广州通过对早期碎片化、经济效益优先等问题的反思，将公共利益保障放在首要位置。实施《广州城市更新办法》和制定《广州市城市更新总体规划（2015—2030）》，强调了公益优化和连片改造的规划管控模式。其中，《办法》规定了更新片区统筹规划制度，要求更新片区整合碎片化用地、提高配套设施水平，同时要求更新片区内公益性设施用地不少于改造用地面积的 30%。《广州市城市更新总体规划（2015—2030）》确定了 71 个更新片区，主要分布于广州的重点地区和战略性地区，总面积达 215 平方千米，占广州十大重点地区总面积的 68%。政府在规划管控方面的实践，有效地解决了早期更新碎片化、规划不协调的问题，进一步推动城市更新工作的有序开展。

（2）政府优先收储的土地供应设计。为确保城市更新项目的顺利推进和土地资源的合理利用，广州市政府采取了政府优先收储的土地产权制度设计。根据该制度，政府可以优先收储城市更新用地，并对其进行统一规划、整合和开发。这种模式下，政府可以通过实施统一的更新规划，协调碎片化用地，提高用地效率，同时控制更新的规模和节奏。通过政府优先收储土地，政府在土地供应上拥有更大的话语权，可以更好地保障城市更新项目的顺利进行和公共利益的实现。

政府还通过土地管理、规划、审批等手段，进一步控制了城市更新的节奏和规模。在土地管理方面，政府可以通过出让土地、招拍挂等方式，控制更新用地的供应量和价格。在规划方面，政府可以通过更新片区的整体规划、更新标准的设定，进一步控制更新的质量和效益。在审批方面，政府可以通过加强更新项目的审批管理，避免不良开发商进入市场，保障城市更新的质量和效益。

（3）强化政府主导权的规划审批与计划管理制度。为确保城市更新项目的质量和效益，广州市政府加强了对城市更新项目的规划审批和计划管理。在规划审批方面，政府加强了对城市更新规划的审批和监管，通过规划编制、规划审核、规划实施等多环节的管理，确保城市更新规划符合国家和地方政策，同时符合城市更新的总体规划和发展战略，以达到最优化的更新效果。在计划管理方面，政府制定了更加严格的计划管理制度，通过对城市更新项目的规划、设计、建设、运营等各个环节的控制，确保城市更新项目的质量和效益。同时，政府也加强了对城市更新项目的评估，对已经完成的项目进行绩效评估，为下一步的城市更新项目提供经验和指导。

政府还加强了对城市更新项目的监管，建立了多种监管机制，包括市场监管、规划监管、资金监管等，有效遏制了一些违规行为，保障了城市更新项目的质量和效益。同时，政府还加强了对城市更新项目的宣传和知识普及，增强了市民的城市更新意识和参与度，促进了城市更新工作的有序进行。

3. 实施效果

在城市更新治理中，土地市场化和政府的放权让利是必不可少的前提条件。然而，在广州市的城市更新进程中，政府一直在强化其在城市更新中的主导地位，以保障公共利益、推进产业转型升级和控制土地市场为目标。政府通过制定规划管控制度，建立了一种“管理型”的治理框架，将市场和社会整合到其设定的发展路径和计划安排之中。同时，政府对重点地区和规划居住用地的土地实施了强制收储，限制了土地产权人的“权益”空间，对其积极性造成了一定程度的影响。

从 2010 年到 2017 年，广州市存量建设用地供应在 2013 年达到顶峰后迅速下降，这一趋势是 20 号文的实施所带来的结果，导致城市更新进程放缓。在过去的多年中，广州市主要通过政府的征收、收回和协商收购土地来推进“三旧”改造，政府是城市更新的主导力量。在存量建设用地供应的内部结构中，公开出让和协议出让的比例平均在 3 ∶ 1 左右。据统计，广州市已批准的 202 个“三旧”改造项目中，62% 位于十大重点地区，其中大部分是政府主导的成片和连片改造项目，如广钢新城、国际金融城等。政府作为空间资源的经营者，在政府、市场和社会三方博弈中处于强势地位，表现出“管理型”的治理结构特征。

在政府主导的城市更新过程中，政府通过强调公益优化、连片改造的规划管控模式，以及城市更新年度计划管理制度来调控城市更新进程。城市更新项目的审批程序非常严格和复杂，土地产权人的意愿往往会被政府的“权威”所取代。政府通过收储重点地区和规划居住用地的土地，缩小了向社会和市场“放权”让利的空间，从而打击了其积极性。这一政策设计的目的一方面是为了避免政府的规划引导与实际实施出现脱节，另一方面也体现了“涨价归公”的理念，即由政府公共投资带动重点地区和地铁站点周边的价值提升。政府收储重点地区土地产权的措施，除了加强了政府对土地一级市场的控制，也提升了政府对城市更新中的公共利益保障能力。

根据唐婧娴的研究，政府通过公开出让方式，可以获得比业权人自行改造更高的收益。此外，随着“三旧”改造补偿容积率范围的缩小，

政府的收益还有望进一步提高。政府通过制定规划、收储土地等手段，将市场、社会整合进城市更新的发展路径与计划安排之中，形成“政府主导、成片连片、配套优先、应储尽储”的治理框架。广州城市更新项目的审批程序十分复杂严格，政府强制规定土地产权人需经过政府审批，这一举措体现出政府的权威和对公共利益的保障。同时，广州采取城市更新年度计划管理制度来调控城市更新进程，政府通过向市场放权让利和市场参与城市更新来促进城市更新的发展，形成了政府、市场、社会三方博弈的格局。在这种格局下，政府成为空间资源的经营者和市场监管者，处于强主导地位，推动城市更新进程并保障公共利益的实现。

（二）佛山：“服务型”存量用地更新模式

佛山市，是改革开放最先开始的地区，其建立了以乡镇企业为基础的一种“服务型”的新型模式，这种新推出的“服务型”存量用地更新模式是一种以政府引导为主、市场主体参与为辅的模式。这种模式旨在提高土地资源的利用效率，促进城市更新和可持续发展。这种模式的更新，使佛山市，进一步增强其全区域的开发强度，“三旧”改造用地占现状建设用地的40%，进而直接使佛山进入存量发展的新时代。以下是其主要实施过程和目标、实施框架和机制以及实施效果的详细解释。

1. 实施过程和目标

规划设计：政府部门对存量用地进行全面调查和评估，制定详细的土地更新规划，并明确更新目标，如提高土地利用效率、改善城市环境和提升居民生活质量等。在充分了解存量用地现状的基础上，政府部门需要制定详细的土地更新规划。这个规划要考虑城市发展战略、土地资源约束和市场需求等多方面因素，确定更新的重点区域和项目。规划设计还应包括土地整治、基础设施改善、公共服务设施建设等具体措施，以确保更新过程中的各项工作能够有序推进。规划设计过程中，明确更新目标是至关重要的。首先，提高土地利用效率是核心目标之一。通过优化土地利用结构，合理调整用地性质和功能，使土地资源得到更高效、合理的利用。其次，改善城市环境是更新的重要目的。这包括提升城市基础设施、绿化水平、公共交通等方面的条件，以改善城市空间布局和生态环境。最后，提升居民生活质量也是更新的重要目标。政府部门应关注住房改善、公共服务设施完善、社区环境优化等方面，以提高居民的幸福感和满意度。

政策制定与优化：政府制定一系列政策措施，包括土地出让、金融支持、税收优惠等，为市场主体提供良好的投资环境，激发其参与更新项目的积极性。为了克服这些问题，佛山于 2007 年发布了《佛山市人民政府关于加快推进旧城镇旧厂房旧村居改造的决定》。用这一政策性的优化方式，创新了其土地的开发方式，从这决定中，鼓励土地的所有权人，按照城乡规划的方针政策，来自行进行改造土地，将“政府引导”始终作为市场运作的主要原则，从而推动城市更新的顺利进行。

尽管市场运作在城市更新模式中起到了主导作用，但对于佛山政府来说，仅依靠市场机制很难达到推动产业转型、环境重塑以及发展高附加值产业、扩大财政收入基础并实现可持续发展的目标。特别是在构建城市战略性平台时，往往需要突破现有的权益边界和利益分配，实现大规模更新和整体配套。佛山当地政府曾试图通过征地方式进行关键区域改造，但却受到了村落集体的强烈抵制，交易成本非常高昂。因此，政府不得不采用“集体土地租赁管理”等方式，由政府主动租赁农村集体土地（租期为 40 年），进行统一规划和开发，从而推动了千灯湖中轴线北延区域、天安数字科技城等重点区域的发展和建设。

2. 实施框架和机制

佛山市在实施“服务型”存量用地模式时，首先要注意明确城市总体的发展目标，制定全面的城市更新规划，指导服务型存量用地更新工作。在此基础上，进一步完善政策体系，包括土地利用政策、产业政策和环境保护政策等，为存量用地更新提供政策支持。同时，设立专门负责存量用地更新工作的机构，明确职责和分工，提高工作效率。

为推动项目实施，佛山市政府应发挥引导作用，为存量用地更新提供政策、资金和技术支持，促进各方参与。充分发挥市场机制作用，引导企业、开发商等市场主体参与存量用地更新工程。加强政府、企业、社区及其他利益相关方的沟通与协作，形成合力推动存量用地更新。

在融资方面，探索多元化融资渠道，包括政府、企业和金融机构等，降低更新工程的资金压力。完善相关法律法规，为存量用地更新提供法制保障，确保各方合法权益得到保障。

在项目实施过程中，政府需加强对存量用地更新项目的监管，确保项目按照规划、环保要求等实施，保障项目质量和安全。同时，定期对项目实施效果进行评估，包括经济、社会和环境方面的绩效评估，为政策调整提供依据。

在佛山“三旧”改造的历程中，政府调整其角色并担任“服务者”的角色，以降低再开发的空间交易成本，确保项目的顺利推进。主要实施机制包括如图 5–6 所示。

（1）规划引导：政府通过制定详细的城市规划，明确“三旧”改造的目标和方向，指导各方参与者遵循城市发展的逻辑和秩序。这可以帮助确保项目的可持续性和符合城市整体规划目标。

（2）规划审批：政府负责对“三旧”改造项目进行审批，确保项目遵循规划要求，合规合法进行。通过审批程序，政府可以对项目进行监督和指导，确保项目按照既定目标实施。

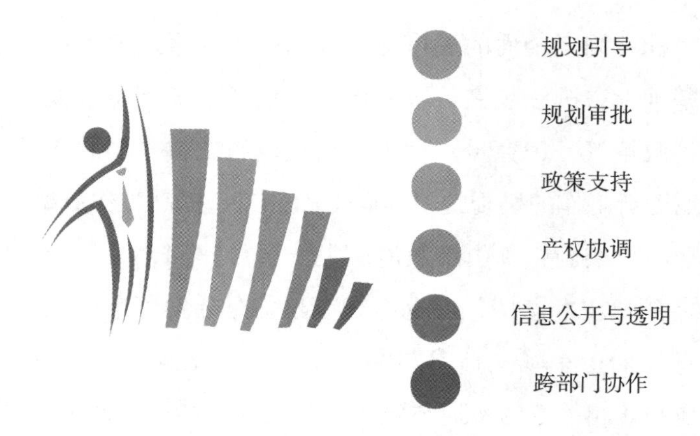

图 5-6　佛山城市更新的实施机制

（3）政策支持：政府通过制定一系列优惠政策，为“三旧”改造提供支持。这可能包括财政补贴、税收减免、土地使用权优惠等，以降低改造过程中的成本，激励更多的市场主体参与。

（4）产权协调：政府作为多元利益博弈的一方，协调处理土地产权变更过程中的纠纷和矛盾。通过与村集体、企业、居民等利益相关方沟通协商，寻求共赢的解决方案，确保项目的顺利进行。

（5）信息公开与透明：政府要加强信息公开，提高政策透明度，让各方参与者了解政策内容和项目信息，增加市场信任度。公开透明的信息有助于减少信息不对称导致的交易成本和风险。

（6）跨部门协作：政府需要协调各部门，形成政府间的合作机制，确保“三旧”改造工作在土地、环保、城市建设等方面的顺利推进。通过跨部门协作，政府可以更有效地推动项目实施，提高工作效率。

3. 实施效果

佛山市进行“三旧”改造的主要问题在于如何与村集体建立合作框架，并确保改造的方向和目标符合社会经济的可持续发展。政府采取了“积极不干预”的策略，鼓励土地产权人自行改造或与他人合作开发，并

引入市场资金来加速改造进程。但是，市场导向的改造以利润最大化为目的，导致工业减少、商业过剩等结构性问题。

实施改造之后，佛山市已经取得了一些成效。从 2010 年至 2012 年，改造用地供应平均达到 12.5 平方千米，超过年度新增建设用地平均供应规模（11.44 平方千米）。改造项目也取得了一些成功，例如：城市公园、文化广场和居住区的建设。但是，“工改商住”类项目占比过高，导致了工业减少、商业过剩等结构性问题。政府采取了措施限制自行改造中将工业用地改为居住用地，但商业过剩也使得改造为商办物业在市场上缺乏吸引力。

三、两种城市更新治理模式的比较

广州和佛山的城市的具体更新实践模式代表了“管理型”和“服务型”两种治理框架。这两种框架基于不同的发展情况和政府、市场、社会三者关系，具有不同的治理目标、角色分配、实施机制和效果。通过对两种模式的梳理，它们的区别不仅在于采用不同的自行改造、协议出让等模式，而且在于片区统筹（单元管控）等规划管控措施的实施，以及更新主体的博弈地位差异，这些因素都影响了不同治理模式的形成和效果。

（一）不同的更新主体关系格局

根据政府、市场、社会三者之间的关系格局，广州的治理模式可以归纳为，以政府主导的“管理型”的治理模式，这种模式主要是采用“自上而下”的行政管理体系。相对均衡的政企、政社关系往往走向“服务型”治理模式，政府、市场、社会建立起多元互动的“合作”框架，通过协商确定各方的收益分配比例，如表 5–1 所示。

表 5-1 “管理型”与“服务型”治理模式比较

城市更新治理模式	“管理型”	“服务型”
典型案例	广州城市更新	佛山“三旧”改造
治理理念	综合效益目标，直接调控土地一级市场来保障政府财政收入	综合效益目标，较少直接在城市更新中进行财政投入，重视推动产业升级以获得持续税收收益
“政府—市场—社会”关系格局	强政府、弱市场、弱社会，市场、社会被动适应政府设定的“合作”框架	三者相对均衡，建立多元互动的“合作”框架
政府角色	三方博弈中处于主导地位，自上而下主导管控，公共利益的看护者	兼具经营者、服务者、看护者作用，一方面为推动“三旧”改造提供服务，一方面供给制度与政策协调市场、社会多方利益
市场角色	投资主体，三方博弈中相对弱势	重要的投资建设主体
社会角色	参与主体，但对政府的制衡力量有待提升	重要的参与主体，制衡政府和市场力量
土地增值收益分配	收益分成比例及补偿标准由政府立法确定	收益分成比例由三方协商确定
土地产权交易	重点地区政府“应储尽储”其他地区可自主改造、协议出让	重点地区可保留集体用地权属，政府通过租赁方式实现非正式更新，其他地区鼓励自主改造、协议出让、公开出让等多种方式
政府在存量土地管理中的财税收入	存量土地收储及二次出让后的土地出让金，协议出让存量土地补缴的地价，存量土地产业升级后增加的税收（少量）	存量土地产业升级后持续的税收，带动周边产业的税基扩大，协议出让存量土地补缴的地价
实施效果	政府在更新过程中通过土地收储、城市更新项目年度计划管理保障了公共设施的建设，但政府主导的土地增值收益分配设计，影响了市场、原业主参与改造的积极性	通过多元协商的土地增值收益分配设计有效推动了城市更新的进行，通过土地、规划政策鼓励产业升级换代，推动城市的持续升级与功能提升，但政府承担了地区再开发的风险，其最终实施效果有赖于市场的接受度

（二）制度安排和政策供给促进土地产权交易的重要性

城市更新治理的核心在于通过制度安排和政策供给，促进土地产权交易，实现城市空间资源的高效配置。这意味着需要建立健全的制度机制和政策体系，为城市更新提供可靠的保障和引导。

在制度安排方面，需要加强土地使用管理、城市规划和市政设施建设等方面的监管和规范，建立合理的城市更新程序和流程，确保公平公正的土地交易和开发。同时，也需要加强对土地所有权、使用权和收益权的分离，鼓励市场化的土地交易。

在政策供给方面，需要制定相应的城市更新政策，包括鼓励和引导市场主体参与城市更新，推动城市更新与保障性住房建设相结合，提高城市更新的质量和效率等。此外，还需要加强城市更新的社会参与和民主管理，保障市民的利益和权益。

（三）政府动机和制度设计对城市更新效果产生的影响

城市更新是实现城市可持续发展的关键手段，旨在提高城市空间效率和生活质量。在城市更新治理中，政府作为主导者和监管者扮演着至关重要的角色。然而，城市更新治理的制度安排对城市更新的效果产生着重要的影响。

广州和佛山是两个城市更新实践的例子，它们采取了不同的治理模式。广州政府强调公共利益保障，通过直接调控土地市场、获取土地出让收益等方式来保障政府财政收入和实现城市整体运营目标。而佛山政府则更倾向于将税收作为其城市运营的收入基础，通过制定优惠的财政政策吸引优秀的企业入驻，从后续可持续的税收中获得收益。这种模式能够促进土地资源的流通和优化配置。

政府应该确立公共利益最大化和实现城市可持续发展为首要目标，通过整合社会和市场力量，并将其纳入“合作”框架，制定有效规划和政策引导。政府应该放权让利，提高土地要素的市场化程度，以推动高效率的空间资源配置。例如，佛山的“协商型地区发展联盟”是一次政府向社会、市场合理“分权”的有益尝试。最后，城市更新治理需要综合考虑经济、社会、文化等多方面的效益，特别是对于社会弱势群体利益的维护。未来政府应考虑建立更广泛的社会共识，将弱势群体关怀等作为享受城市更新优惠政策的先决条件。

政府在城市更新治理中还应注重创新和可持续性。例如，应引入新技术和新模式，推广绿色建筑和智能化设施，减少资源浪费和环境污染。政府还应制定长远的城市更新规划，重视城市更新对生态环境的影响，促进城市的生态恢复和保护。

第四节　深圳社区“一核多元”城市治理模式

一、“一核多元”城市治理模式概况分析

党组织在社区治理中被赋予了非常重要的职责和地位。根据中办发〔2000〕23号文件的规定，“社区党组织是社区组织的领导核心”，这一文件进一步强调了社区党组织在社区治理中的重要性。此外，党章也规定了社区党组织在本地区领导工作、支持和保证其他组织充分行使职权的职责，进一步凸显了其在社区治理中的地位。

随着国家“十三五”规划纲要的出台，构建全民共建共享的社会治理格局成为一个重要的目标。在社区层面，多元主体参与共治成为社区发展的趋势。因此，“一核多元”模式契合了当今社区的发展要求。在这种模式下，社区党组织作为核心领导力量，协同其他社区组织、社会组织、居民自治组织等多元主体，共同推进社区治理事务，达到社区共治

的目的。

在“一核多元”模式中，社区党组织依然扮演着重要的领导和协调作用。他们负责组织、协调和指导社区组织、居民自治组织等各方面的工作，推进社区建设和治理。同时，社区党组织也要发挥其政治领导和思想引领的作用，带领各方面共同打造和谐宜居的社区环境，促进社区民主、文明、法治建设。除了社区党组织，其他社区组织、社会组织、居民自治组织等多元主体的积极参与也对社区治理起到了重要的推动作用。

深圳市南山区招商街道在2006年开始探索“一核多元”的区域党建模式，这种模式已经得到了广泛的推广和深化。除南山区外，福田区、龙岗区、盐田区、龙华（新）区、坪山（新）区等地区也开始采用“一核多元”社区治理。这种模式通常被描述为“一加三加N”。其中，“一”指的是社区综合党委，它是领导核心。同时，“三”包括社区居委会、社区工作站和社区服务中心。“N”代表着社会组织和驻区单位等多元主体，这些主体都参与到社区的治理服务中。发布社区治理主体职责清单，明确各类主体承担的共277项任务，进一步提升了党组织、社区工作站、社区自治组织、社会组织、企业在社区治理中的角色和职能的透明度和规范化水平。

这种“一核多元”社区治理模式已经在多个地方得到应用和推广。其中，社区综合党委是核心领导组织，社区居委会、社区工作站和社区服务中心则各具特色，发挥各自的作用。社会组织、股份合作公司、业委会、物管公司、驻区单位等多元主体的参与，增强了社区治理的公益性。该模式解析如图5–7所示。

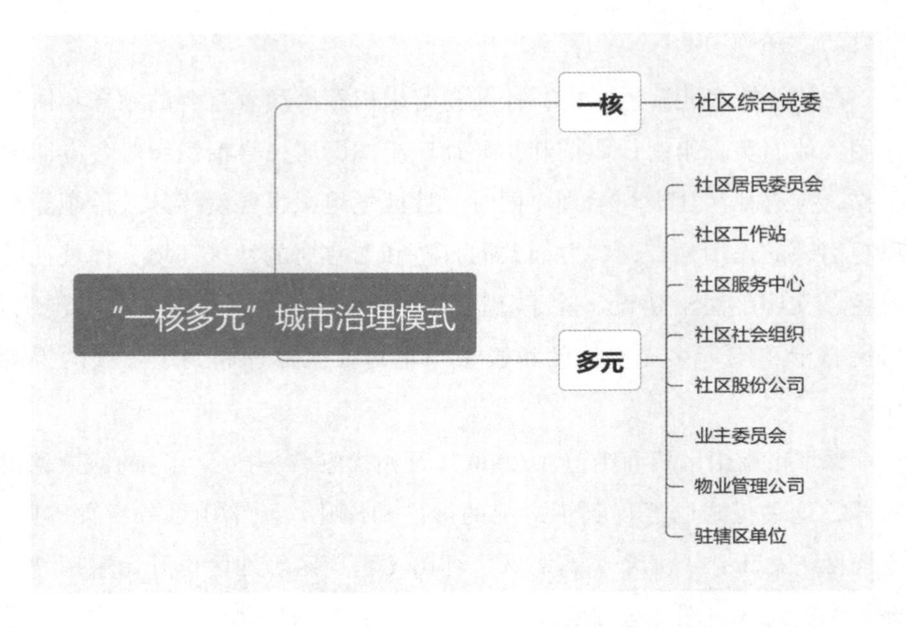

图 5-7 "一核多元"城市治理模式解析

（一）社区治理组织的"一核"

在社区治理中，"一核"指的是社区党组织，即社区综合党委。它作为社区治理的核心领导力量，承担着组织、协调和指导各类主体共同推进社区建设和治理的责任。在"一核多元"的治理模式下，社区党组织对各个参与主体具有明确的政治领导和思想引领作用，确保社区治理工作始终符合国家的发展战略和方向。其领导地位体现在如下方面：

第一，社区党组织具有强大的组织协调能力。它负责组织和协调社区居委会、社区工作站、社区服务中心等各类主体，确保各方共同努力实现社区治理目标。通过明确各类主体的职责，社区党组织为社区治理提供统一的领导和协调，推动各方形成合力，共同参与社区建设和治理。

第二，社区党组织发挥着政治领导和思想引领的重要作用。在社区治理过程中，它引导各类主体遵循国家发展战略和方向，确保社区治理工作始终符合党的理念和要求。社区党组织通过传播党的精神、政策和理念，营造积极向上、团结一致的社区氛围，为实现和谐宜居社区目标奠定坚实基础。

第三，社区党组织通过发挥自身领导作用，推动社区民主、文明、法治建设。它组织开展各类社区活动，提升居民参与度，强化社区自治意识，营造和谐宜居的社区环境。此外，社区党组织还倡导法治观念，推动社区法治建设，提高居民的法治意识和素质。

第四，社区党组织在多元主体间架起沟通协作的桥梁，推动信息共享，提高社区治理的效率和水平。它主动与各类主体建立协作机制，促进资源整合和信息互通，为社区治理提供更为高效的服务。通过强化沟通协作，社区党组织为各类主体提供了更为广阔的合作空间，从而提升了整个社区治理体系的协同性能。

第五，社区党组织负责对各类主体的工作进行监督和评估，确保社区治理工作的质量和效果。它定期对各类主体的工作进行检查和评估，确保社区治理工作的质量和效果。通过建立健全评估机制和激励机制，社区党组织督促各类主体切实履行职责，确保社区治理任务的有效实施。同时，社区党组织还通过对各类主体的工作成果进行总结和反馈，为今后的社区治理提供经验借鉴和改进方向。

（二）社区治理组织的“多元”

1. 社区居民委员会

区居民委员会作为基层群众性自治组织，在社区建设和治理中发挥着重要作用。为了更好地发挥社区居民委员会的作用，各地也在优化其成员结构方面做出了探索和尝试。例如，在社区居民委员会成员中增加一些专业人士，如法律、医疗、环保等领域的专业人才，可以提高社区居民委员会的专业性和服务水平，更好地服务社区居民的需求。同时，增加年轻人、女性等群体的代表，也可以更好地反映社区多元化和群众的需求。此外，社区居民委员会还应积极发挥职能作用，开展各项活动，如邻里互助、环境保护、文化传承等，促进社区居民的互动和交流，提升社区居民的获得感和幸福感。

社区居民委员会可以通过多种形式，如召开居民代表大会、制定居民自治章程、组织居民自治小组等，为居民自治提供更多的平台和机会。在居民自治过程中，社区居民委员会应当发挥引导、协调、监督等作用，同时注重发挥居民主体性，促进居民自治的积极性和主动性，最大限度地满足居民的需求。

完善居民议事会方面，社区居民委员会应该探索更为完善的议事会制度和程序。居民议事会是居民参与社区治理的一个重要途径，可以让居民更加直接地参与社区事务，发表自己的意见和建议。社区居民委员会应该设立议事会工作小组，明确议事会的组织程序、议事规则、议题选定等事项，制定议事会的工作计划和议事纪律，确保议事会的效率和规范性。同时，社区居民委员会应该积极倡导居民参与议事会的意识，促进居民的民主参与和民主监督，推动社区治理的民主化和法制化进程。

2. 社区工作站

社区工作站作为社区治理体系的重要组成部分，其工作内容包括社区管理、基层民生服务、社会保障等方面。社区工作站在社区内的作用不仅仅是服务居民，还有着协助政府开展社区管理、维护社区安全等重要职责。因此，要发挥社区工作站的作用，需要多方面的工作。

根据社区的区域资源和功能特点，合理调整社区工作站的规模和设置。社区工作站的规模要根据人口密度、社区面积和居民需求等因素进行合理设置，确保社区工作站的服务范围和服务质量满足社区居民的需求。社区工作站要实行“一窗通”服务，整合社区内的行政服务资源，

提高行政服务水平。社区工作站要统筹开展民生实事，完善基本公共服务体系，为社区居民提供更加优质、高效的服务。

此外，社区工作站的人员结构也需要进行优化。社区工作站可以通过公开招考的方式，吸纳更多的有能力的社区工作者加入，设立岗位层级，让工作站的人员更加专业化。通过优化人员结构，可以提高社区工作站的工作效率和服务质量，更好地满足社区居民的需求。

3. 社区服务中心

社区服务中心在 2015 年初步实现了深圳市的全覆盖。在深圳市民政部门登记成立并有一定资质的社会组织，通过参加政府招投标而获得社区服务中心的运营权。社区服务中心作为深圳市社区治理体系的重要组成部分，对于提高社区公共服务水平、完善社会服务体系起着至关重要的作用。

社区服务中心以政府购买服务方式实施和管理公共服务项目，包括社会保障、健康医疗、文化娱乐、家政服务等，进一步加强社区服务供给，满足社区居民的基本生活需求。社区服务中心以自助互助、志愿服务等方式，为居民提供更多元化、个性化的服务项目，如兴趣爱好培训、心理咨询、健康指导等，丰富了社区居民的生活，提升了社区的文化氛围。

此外，社区服务中心还通过招聘一定数量的专业服务人员，包括社工、心理开导师、护工等，配合社区义工队，为居民提供高质量的服务，增强社区服务的可持续性和稳定性。社区服务中心还积极与社会组织、企业合作，开展具有经营性的项目，如社区商业服务、社区医疗、康复护理等，为居民提供更多选择和更高水平的服务。总体来看，社区服务中心的运营模式具有较高的适应性和灵活性，能够根据社区居民需求和市场变化及时调整服务内容和服务模式，更好地满足居民的需求，推动社区的可持续发展。

4. 社区社会组织

2012 年，深圳市在民政领域进行了积极的改革，其中包括社区社会组织的发展和壮大。社区社会组织是指在社区内开展公益活动，提供社区服务，推动社区发展的非营利性组织。

深圳市明确了社区社会组织的定位、职责、权利和义务等方面的规定。该办法提出了支持社区社会组织发展的具体政策，包括提供场地、资金和服务支持等。建立了社区工作委员会和社区发展专项资金，用于支持社区社会组织的建设和发展。这些措施为社区社会组织的发展提供了坚实的保障和支持，也为深圳市的社区发展奠定了基础。

5. 社区股份公司

为了进一步推动社区治理的改革，深圳市在实践中不断探索新的发展模式。其中，社区股份合作公司是一种有益的尝试。社区股份公司在社区综合党委的领导下，具有独立的法人地位和自主经营权，负责社区集体资产的经营管理和维护。为了保障社区集体资产的安全和稳定运营，社区股份公司需要建立健全的监管体系，将社区“三资”纳入统一管理，完善监督管理模式，实现多级监管服务体系的互联互通和信息公开，为社区治理提供更强有力的支持。

6. 业主委员会

业主委员会是小区业主自我管理服务的组织形式。作为基层自治组织，业委会在居委会的指导和监督下，依法开展具体工作，维护业主的合法权益。业委会需要与居委会和物管公司建立互动协调机制，共同协调解决存在的物业问题，促进业主之间的合作与交流，为小区的和谐稳定提供支持。此外，业委会还应该积极参与社区治理，为社区的发展贡献力量。

7. 物业管理公司

物业管理公司是负责小区物业管理的专业机构，其主要任务是确保小区环境的整洁、安全和良好，提供高质量的物业服务。在社区治理中，物业公司应该积极参与到社区的发展中，不仅要提供高质量的物业服务，还应该协助社区居民处理小区内的事务和问题，帮助解决生活中的各种疑难杂事。此外，物业公司还应该与社区居民保持密切联系，了解他们的需求和意见，及时反馈并做出回应。

8. 驻辖区单位

驻辖区的企事业单位拥有丰富的资源和优势，应该积极参与社区服务管理工作。这些单位可以发挥其阵地资源、智力资源、教育资源和服务资源等方面的优势，为社区居民提供更多、更好的服务和支持。比如，学校可以为社区居民提供义务教育、继续教育和职业培训等服务；医院可以为社区居民提供基本医疗服务和健康咨询等服务。此外，驻辖区单位还可以积极参与社区公益事业、文化活动和志愿服务等活动，帮助提升社区居民的幸福感和获得感。在实践中，应该加强驻辖区单位与社区居民、居委会等组织的联系，加强沟通和协调，推动社区服务工作的深入发展。

二、深圳社区“一核多元”治理模式的实践特征

深圳社区采用的“一核多元”治理模式，强调了党委在社区治理中的核心引导作用和扁平化治理方向，具有很好的可行性和推广性。该模式在解决社区治理中的难题方面，采取了多种有效措施，包括建立健全的工作机制、优化人员结构、改革社会组织登记备案手续等。这些措施的实施，使得社区党组织更加强化领导作用，社区工作者队伍管理更加规范，社会组织更加蓬勃发展，管理、服务、自治的相互关系更加协调。

在深圳的实践中，社区“大党委”模式的推行，通过吸收各类组织的党员进入社区各级党组织领导班子，增强了社区党组织的凝聚力和战斗力，提高了社区治理效能。同时，社区专职工作者制度的全面推行，优化了整个人员结构，使得社区工作更加专业化、高效化。改革社会组织登记备案手续，充分利用区、街道及社区社会组织所构成的孵化网络，培育各类专业社会组织，并探索成立社区基金会，为社会组织的发展提供了更加良好的环境和机遇。

另外，深圳政府将一些公共服务项目转移给社会力量承接，通过购买服务的方式让社会力量来提供公共服务，形成了党委决策、居委自治、政府管理和社会服务的治理格局。这种方式既可以缓解政府负担，又可以促进社会力量的发展，提高了社区的治理效率和公共服务水平。

（一）“一核多元”模式的“核心”引领功能体现

深圳社区“一核多元”治理模式中的“核心”指的是党委，其作用是引领和统筹社区治理工作。党委在深圳社区治理中扮演了关键角色，起到了指导和协调各方面工作的作用。在实践中，深圳社区采取了一系列措施，体现了“一核多元”模式的“核心”引领功能，具体如下：

1. 充分发挥党组织在社区治理中的领导作用

在深圳社区“一核多元”治理模式中，党组织发挥着重要的领导作用，对社区治理工作起着关键的引导和协调作用。为了进一步发挥党组织的领导作用，深圳社区采取了一系列措施。首先，深圳社区成立了党建联席会，将各类组织的党员纳入社区各级党组织领导班子，形成了社区“大党委”。这种机制不仅能够加强各类组织的党员之间的联系和协调，还能够提高党组织的凝聚力和战斗力，更好地发挥党组织在社区治理中的领导作用。其次，深圳社区实行了“一岗双责”机制，即社区综合党委带动兼职委员的模式。这种机制能够更好地发挥社区综合党委的领导作用，提高党员的参与度和责任感，促进各方面的协作，增强党组织的凝聚力和战斗力，更好地发挥党组织在社区治理中的领导作用。

2. 推进社区多元化治理

深圳社区在推进社区治理中，实行了“党委领导、社区居民自治、政府管理、社会力量服务”的治理格局，强调党委在社区治理中的核心引导作用和扁平化治理方向，通过多元化的治理方式，推动社区治理的有效性和民主性。

深圳社区实行了政府与社会力量共同参与社区治理的机制，将一些公共服务项目转移给社会力量承接，并通过购买服务的方式让社会力量来提供公共服务。政府在社区治理中起到管理和监督作用，社会力量则负责为社区提供各种服务，如医疗、教育、文化等。

深圳社区还强调社区居民的自治性，鼓励社区居民积极参与社区治理，并通过居民委员会等途径实现民主决策和管理。这种多元化的治理方式，能够更好地调动社区居民的积极性和创造力，使治理更加贴近居民需求，促进社区协商和民主决策。

深圳社区通过建立健全的工作机制，充分了解民情、沟通民意、进行民主协商、促进共识。社区居民通过社区居民委员会和其他社会组织的参与，可以参与社区治理和公共事务的决策和管理。

3. 促进社区协商和民主决策

在深圳社区的治理中，充分发挥社区居民的作用，通过建立健全的工作机制，促进社区协商和民主决策。社区居民是社区治理的重要组成部分，他们的意见和需求反映了社区治理的现实问题和发展方向。因此，深圳社区建立了一系列的机制，充分了解民情、沟通民意、进行民主协商、促进共识，让社区居民参与到社区治理中来。

深圳社区通过建立社区居民委员会和其他社会组织的参与机制，让社区居民能够参与社区治理和公共事务的决策和管理。社区居民通过参与社区居民委员会的选举、居委会的会议和其他民主决策程序，能够更好地反映居民的意愿和需求，为社区治理提供了有力的支持。

深圳社区还建立了信息公开制度，让社区居民能够了解社区治理的情况和进展，提高了社区治理的透明度和公正性。深圳社区注重通过各种渠道了解社区居民的需求和意见，包括社区调查、座谈会和社区咨询等方式，形成了多元化的民主协商和决策机制。

此外，深圳社区还注重加强社区居民的培训和教育，提高他们的政治素养和社区意识。通过开展各种社区教育和培训活动，深圳社区增强了社区居民的参与意识和主人翁意识，促进了社区协商和民主决策的实施。

4. 多措并施，维护社区和谐

在深圳社区治理中，由于人口结构倒挂问题的存在，不同群体之间的利益诉求存在较大差异，社区和谐共同面临一定的挑战。为了解决这一问题，深圳社区采取了多措并施，维护社区和谐。

深圳社区党组织积极牵头成立了“两新”组织，即新型城镇化人员和新兴产业从业人员组织，以促进流动党员的团结和联系。通过这些组织，深圳社区鼓励流动党员积极参与社区治理，发挥其在社区治理中的示范带动作用，以及对其他居民的引领作用。

深圳社区与社区其他主体紧密合作，向外来务工人员提供更优质的社区服务。社区通过建立服务窗口、推广普惠金融和社会保险等措施，为外来务工人员提供便捷的服务。同时，深圳社区也积极开展文化活动，增加外来务工人员的文化参与度和归属感，促进社区和谐发展。

深圳社区通过加强社区矛盾调解和纠纷解决工作，化解社区矛盾和纠纷，维护社区和谐。社区采取了多种方式，如建立矛盾调解平台、开展矛盾排查和预警、完善仲裁和调解制度等，有效化解了社区内部的各类矛盾和纠纷，提高了社区的治理效能。

（二）“一核多元”模式的统筹协调功能体现

“一核多元”社区治理模式通过建立和完善多元合作平台，更好地融合各方力量进行社区治理，合作处理社区的“疑难杂症”，促进社区和谐。五个平台的建立和发展彰显了“一核多元”模式的统筹协调功能，具体如图 5-8 所示。

图 5-8　“一核多元”模式的统筹协调功能体现

1. 党内民主共治平台

党内民主共治平台是“一核多元”社区治理模式中的核心平台之一，其核心目的是通过建立和完善党组织、居民委员会、社区志愿者等多方合作机制，实现社区治理的有效统筹和协调。

党内民主共治平台强化了党组织的领导作用。在党内民主共治平台下，党组织可以积极发挥自身优势，领导和组织社区居民和志愿者等各方参与社区治理，制定和落实相关政策和措施，推动社区治理的规范化和专业化。

党内民主共治平台促进了党员干部与社区居民之间的有效沟通和互动。在平台上，党员干部可以开展民主议事、协商议事等多种形式的交流和互动，听取社区居民的意见和建议，及时掌握社区情况，了解社区居民的需求和诉求，更好地为社区居民服务。

党内民主共治平台也鼓励和引导社区居民和志愿者积极参与社区治理。通过与党员干部、居民委员会等多方合作，社区居民和志愿者可以积极参与社区治理，发挥自身的作用和优势，为社区治理提供更多的智力和人力支持，推动社区治理的协同发展。

2. 社区文化平台

社区文化活动平台是"一核多元"社区治理模式中的重要平台之一，其主要目的是通过组织和开展多种形式的文化活动，吸引社区居民参与，增强社区文化凝聚力，提高社区居民的文化素养，促进社区文化建设。

首先，社区文化活动平台可以促进社区居民之间的交流和沟通。通过组织文艺演出、体育比赛、书画展览等多种形式的文化活动，社区居民可以互相交流和了解，建立和加强社区内部的联系和关系，增进社区居民之间的感情和友谊。

其次，社区文化活动平台可以增强社区文化凝聚力。文化活动是传承和弘扬社区文化的重要途径，通过组织和开展文化活动，可以增强社区居民对本土文化的认同感和自豪感，形成共同的文化认同和归属感，进而增强社区的凝聚力和认同度。

最后，社区文化活动平台也可以提高社区居民的文化素养。通过组织和开展各种形式的文化活动，可以让社区居民接触和了解更多的文化知识，提高其文化素养和审美水平，丰富其文化生活，进而促进社区文化的建设和发展。

3. 志愿服务平台

志愿服务平台是"一核多元"社区治理模式中的重要平台之一，其主要目的是通过建立和发展志愿者团队，组织和开展多种形式的志愿服务活动，鼓励和引导社区居民积极参与志愿服务，提升社区居民的社会责任感和社区意识，促进社区和谐发展。

首先，志愿服务平台可以提升社区居民的社会责任感。通过鼓励和引导社区居民积极参与志愿服务，让他们深入到社区中，了解社区的实际情况和需求，感受到自己的贡献和价值，从而提高其社会责任感和社会公德心，形成“我为人人，人人为我”的社区共建理念。

其次，志愿服务平台可以提高社区居民的社区意识。通过参与志愿服务活动，社区居民可以更加深入地了解社区内部的情况和问题，了解社区居民的需求和诉求，进而认识到自己作为社区居民的责任和义务，形成良好的社区意识和文化。

最后，志愿服务平台也可以促进社区的和谐发展。通过组织和开展多种形式的志愿服务活动，如社区清洁、环境整治、老年人关爱等，可以改善社区的环境和氛围，提升社区居民的幸福感和获得感，进而促进社区的和谐发展和稳定。

4. 法律服务平台

法律服务平台是社区治理模式中的一种重要平台，它通过建立和发展法律服务团队，为社区居民提供法律咨询、纠纷调解、法律援助等服务，旨在维护社区居民的合法权益，提高社区居民的法律意识和法律素养，促进社区的法治建设。

法律服务平台的主要职责是为社区居民提供法律服务，包括法律咨询、法律援助、法律调解等。法律服务平台的工作人员应当具备相关的法律知识和技能，能够为社区居民提供专业的法律服务。

法律服务平台可以帮助社区居民解决纠纷。社区居民在生活中可能会遇到各种各样的纠纷，如邻里纠纷、家庭矛盾等。这些纠纷如果不能及时有效地解决，就会影响社区的稳定和和谐。法律服务平台可以为社区居民提供纠纷调解服务，帮助他们解决各种纠纷，维护社区的和谐稳定。

法律服务平台可以提高社区居民的法律意识和法律素养。法律服务平台的工作人员可以通过组织法律宣传、开展法律培训等方式，向社区居民普及法律知识，提高他们的法律意识和素养，使他们更好地了解和维护自己的合法权益。

5. 智慧社区平台

智慧社区平台是“一核多元”社区治理模式中的新兴平台智慧社区平台是一种新型的社区治理模式，它的出现可以解决传统社区治理模式中存在的一些问题，如信息不对称、效率低下、服务质量差等。通过引入物联网、云计算、大数据等先进的信息技术手段，智慧社区平台实现了社区信息化、智能化管理，提高了社区的服务水平，促进了社区的发展。

在智慧社区平台中，居民可以通过网络平台获取社区的各种信息，如社区公告、活动信息等。同时，物业公司可以通过平台管理物业服务，实现在线缴费等功能。这些在线服务不仅提高了社区居民的生活质量，还提高了社区的服务效率。

智慧社区平台还可以通过数据分析等手段，实现社区智能化管理。例如，通过收集社区的各种数据，如居民的用水、用电等数据，可以进行数据分析，提供节能环保的建议。同时，通过平台可以实现物业管理的智能化，提高了物业管理的效率和服务质量。

智慧社区平台还可以促进社区的发展。通过平台可以实现社区居民之间的交流和合作，提高社区的凝聚力和合作精神。此外，智慧社区平台可以提供各种在线服务，如在线商店、社区医疗等，促进社区的经济发展和社会进步。

（三）“一核多元”模式的体验提升功能体现

通过建立“格长”制，实现对居民服务的精准化和个性化，让服务

更加贴近居民的需求。同时，打造“一窗通办”和试行“一平台两中心”，让服务更加便捷和高效，让居民在社区内就能够享受到全方位、多层次的服务。

1. 构建网格化的社区格局，落实“以屋管人”

在“一核多元”模式下，社区资源得到充分整合和利用，其中关键的一步就是构建网格化的社区格局。通过将社区划分成若干个网格，每个网格设置一个专门的工作人员（即“格长”），负责对该网格内的居民和社区资源进行管理和服务。

这种网格化的社区格局可以有效地实现“以屋管人”的目标，即实现对每个居民的精准化和个性化服务。通过“格长”了解居民的需求和问题，及时提供相关的服务和帮助。同时，“格长”还可以协调社区资源，整合社区力量，提供更加全面和多层次的服务。

这种网格化的社区格局需要有完善的组织机制和工作流程，确保每个网格的工作人员能够有效地开展工作。同时，也需要完善的信息化系统支持，方便工作人员进行信息共享和业务处理。只有这样，才能够实现社区服务的精准化和个性化，提高社区服务的质量和效率。

2. 率先建立格长制，加强精细化管理服务

南山区率先实施“格长”制，建立起精细化管理服务的体系。在实施“格长”制之前，南山区就已经拥有了 1372 个网格，为了更好地管理这些网格，南山区制定并印发了《“格长”工作职责》和《“格长”考核办法》。

南山区还加强了对“格长”工作的培训和指导，通过定期组织培训班、开展现场辅导等形式，提高“格长”对社区管理和服务工作的认识和能力。同时，南山区还建立了“格长”工作考核和奖励机制，对表现优秀的“格长”进行表彰和奖励，鼓励他们为社区发展和居民服务做出

更大的贡献。

在实际工作中，南山区“格长”制的实施取得了良好的效果。通过“格长”的管理和服务，南山区居民的服务需求得到了更加精细化和个性化的满足，社区管理工作也得到了更加规范化和有效化的开展。此外，南山区还通过“格长”制，有效地提高了社区居民的参与度和获得感，促进了社区和谐稳定发展。

3. 设立综合化办事窗口，实现一窗通办

经过“一核多元”模式的实施，社区服务场所的服务窗口数得到了简化，不再按照服务事项划分窗口，而是逐步过渡为综合窗口。为了实现综合化办事窗口的建立，社区服务中心在技术和管理方面进行了全面的升级。通过建立信息化平台，实现各职能部门之间的信息共享和业务处理，确保服务窗口能够快速、高效地处理服务事项。同时，社区服务中心还加强了对工作人员的培训和管理，确保他们具备综合服务能力，能够为居民提供更加全面、优质的服务。

通过设立综合化办事窗口，实现一窗通办，居民可以在一个窗口内办理多个服务事项，避免了跑多个窗口、排长队等烦琐的流程，大大提高了服务效率和居民的满意度。同时，各职能部门在后台进行处理，也可以有效地减轻工作人员的工作负担，提高了工作效率。

4. 试点一平台两中心，探索基层去行政化

南山区的深圳湾社区以及其他一些高新科技企业聚集的新型社区率先实施了“一平台两中心”模式，这一模式是指在一个平台上建立一个服务中心和一个创新中心，服务中心主要负责居民生活服务和社区管理工作，创新中心则主要负责社区科技创新和创业孵化工作。这样的模式不仅实现了基层服务的一体化和优化，也促进了社区的科技创新和经济发展。

在“一平台两中心”模式下，社区服务中心不仅提供传统的社区管理和服务工作，还加强了社区服务的创新和优化，通过引进科技创新和创业孵化等项目，推动社区经济的发展和提升居民的生活质量。同时，创新中心则为社区的科技创新和创业提供了专业的服务和支持，为企业和创业者提供了更加优质的孵化服务和创新环境。

通过试点“一平台两中心”模式，南山区探索了基层去行政化的新路径，实现了基层服务的升级和转型。这种模式具有一定的示范效应，可以为其他社区提供经验和借鉴，推动基层服务的改革和创新。同时，也为社区的可持续发展和城市的智能化建设提供了新的思路和方向。

三、“一核多元”模式改善路径

（一）强化社区治理的动力性机制

公民社会的发展是社区治理的基础，社区治理的效果受社会资本存量的深刻影响，强化社区治理的动力性机制是“一核多元”模式进一步实现改进的重要路径之一。公民社会的发展是社区治理的基础，同时社会资本的存量和积累也对社区治理的效果产生深刻的影响。因此，在推动社区治理的不断完善过程中，需要注重培育公民社会，增强社会资本的积累和应用。

为了实现社区治理的动力性机制，需要从两个方面入手，如图 5-9 所示。

1. 众参与的动力

（1）建立居民参与利益机制，提高居民参与积极性。公共选择理论指出，个人在公共环境中的行为同样受到成本和收益的理性计算影响，因此增加居民参与公共活动的收益和降低其参与成本两方面是非常重要的。为了增加居民参与公共活动的收益，需要建立有效的机制将居民的切身利益与社区事务有机地联系起来。这可以通过加强社区公共利益认同基础来实现，进而巩固社区的公共利益认同感，激发群众对于社区公共事务的热情，提高其对于公共事务的参与度，进而保障实现其诉求。

政府及其他社区组织可以采取措施，提高居民参与公共活动的收益，鼓励居民积极参与社区治理。其中，激励性措施是非常有效的手段，可以是物质性奖励，如赠送礼品或提供货币性回馈，也可以是精神性奖励，例如嘉奖、授予荣誉地位、获得尊敬和友谊等，提高居民的收益感和归属感。

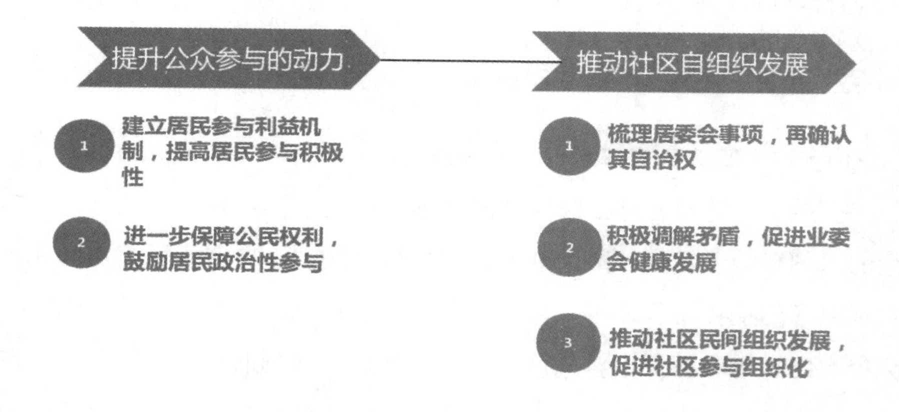

图 5-9　实现社区治理的动力性机制需要从两方面入手

此外，政府和社区组织还应该重视对居民利益表达的回应。及时回应和解决居民关切的问题，增强居民参与的效能和满意度，进一步鼓励居民参与社区治理。同时，提供更加便捷和多元化的参与方式，降低居民参与的成本，增加其参与的机会和空间，也是非常重要的措施。

低居民参与成本是提高公民参与度的必要路径，需要政府采取一系列措施来降低经济、时间和制度性成本。政府可以提高居民的公民素质和参与能力，通过开展社区教育活动和技能培训，提供居民更多的学习机会，从而增强居民的参与能力和效率。此外，政府还可以拓宽居民参与的渠道和形式，让居民通过多种方式参与社区事务决策，如开展公共部门开放日活动、实地调查走访等方式来拉近政府与居民的距离，同时建设“互联网社区”丰富居民参与的载体和平台，让居民能够通过网络投票、网络会议等方式参与社区事务决策过程。这些措施不仅可以降低居民参与的时间和经济成本，也可以增强居民对社区事务的关注和参与的积极性，提升居民自治能力，为社区治理提供更为广泛和有力的支持。此外，政府还可以借力社会资源，邀请专家和社工提供理论和实践指导，引导社区居民探索解决问题的方法，从而提升居民自治能力，增强居民对社区事务的认同感和归属感。

（2）进一步保障公民权利，鼓励居民政治性参与。为了进一步保障公民权利并鼓励居民更多地参与政治活动，要不断完善和丰富公民权利的制度保障，确保公民在经济、政治和社会各领域都能够享有平等的权利。其目的是根据当前社区建设的实际需求，制定一系列与社区参与相关的法律法规，既规范居民参与的行为，又引导他们积极投身社区事务。通过这种方式进而确保居民参与的合法性得到更有效的保障。

一是，引导居民更多地参与政治活动，包括选举和公共政策的制定等。政府和社区组织可以通过提供更多的信息和参与渠道，以及开展公开透明的政治教育活动等方式，增加居民对政治事务的了解和参与度。此外，政府还应该积极推进基层民主建设，为居民参与政治决策提供更广泛和更深入的平台。通过这些措施，进一步提高居民政治参与的积极性和效果。

二是，强化公民道德和社区意识，强化社区治理的基础。在社区治理中，公民道德和社区意识是非常重要的因素。政府和社区组织可以通过开展公益活动和文化活动等方式，增强居民的公民意识和社区意识，进一步提高居民的参与积极性和责任感。同时，政府和社区组织也需要加强自身建设，提高管理水平和服务质量，为居民参与社区治理提供更好的环境和保障。

2. 推动社区自组织发展

（1）梳理居委会事项，再确认其自治权。明确居委会的职责，包括社区基础设施管理、公共服务设施的建设和维护、社区环境卫生管理、居民组织管理、社会治安维护等方面的工作。同时，进一步明确居委会的权利，包括行使自治权、组织居民参与社区建设和管理、对社区事务进行管理和协调、对社区资源进行合理配置等。

确认居委会的自治权。自治权是指居委会在特定范围内自主决定、自行管理的权利。在居委会事务中，自治权的发挥非常重要，可以充分调动居委会的积极性和创造性，提高社区治理的效果和质量。确认自治权的具体方式可以是通过法律法规的规定、政府部门的认定，或者由社区居民代表大会进行授权等方式实现。

（2）积极调解矛盾，促进业委会健康发展。除了梳理居委会事项和确认自治权外，为了推动社区自组织的发展，应当积极调解矛盾，促进业委会健康发展。

在社区治理中，业委会作为业主的代表，承担着重要的职责和任务。然而，在实际运行中，业委会也面临着一些问题和挑战，如管理不当、信息不透明、利益冲突等。这些问题如果得不到妥善解决，不仅会影响业委会的健康发展，也会对社区治理带来不利影响。

积极调解业委会中出现的矛盾和纠纷，协助业委会协调居民之间的关系，加强业委会与居民之间的沟通和联系。保障业委会成立的规范性以及提高业委会决策水平，引导业主学习相关方面的技能，通过培训和教育，帮助业主更好地参与业委会的日常工作，从而确保业委会能够更

好地为社区居民服务。

（3）推动社区民间组织发展，促进社区参与组织化。社区民间组织是社区发展和社区治理的重要力量，可以为社区提供更多元化、更具针对性和更具创新性的服务和活动，同时也可以促进社区参与的组织化和规范化支持社区民间组织的发展，为其提供必要的政策支持、经费支持和人才支持，同时也要为其创造一个良好的政策环境和营商环境。加强社区民间组织的协作与合作，促进资源共享、信息共享和经验交流，提高其整体服务水平和影响力。鼓励社区民间组织开展多样化、创新性的服务和活动，以满足居民不同的需求和利益诉求。加强对社区民间组织的培训和指导，提高其组织和管理能力，促进其规范化和专业化发展。

从政策、资金、培训等多方面支持社区民间组织的发展，为它们提供一个有利的发展环境。同时，鼓励居民积极参与这些组织，发挥他们的主观能动性，有效推动社区治理。

政府应该加强对社区民间组织的政策支持和资金投入，为其提供更多的发展机会和空间。同时，政府也应该减少非政府组织进入社区的障碍，支持社区民间组织为居民提供更多样化和有针对性的服务。社区民间组织应该关注自身的内部治理和管理。建立一套科学合理、可操作的制度体系，涵盖财务管理、项目运营、品牌营销、筹资管理等方面。同时，加强工作人员的技能培训和职业道德水平提高，培养专业化的团队，并完善决策机制。此外，社区民间组织应该主动接受监督，履行信息披露责任，不断增强公信力，成为社区治理的积极主体。政府应该为社区民间组织提供更加独立的发展空间。这包括制定更加宽松的政策和法规，创造更加公平和透明的市场环境，以及加强对社区民间组织的监管和支持。这些措施有助于促进社区民间组织的独立发展，提升其服务能力和影响力，同时也有助于推动社区治理的进一步完善。

（二）拓展社区治理的资源性渠道

在社区治理过程中，社区资源是十分重要的保障，因此必须要想方设法拓宽各种资源的渠道，并促进资源的集约化利用，最大限度地发挥各种资源的积极作用，促进持续化发展，具体如图 5–10 所示。

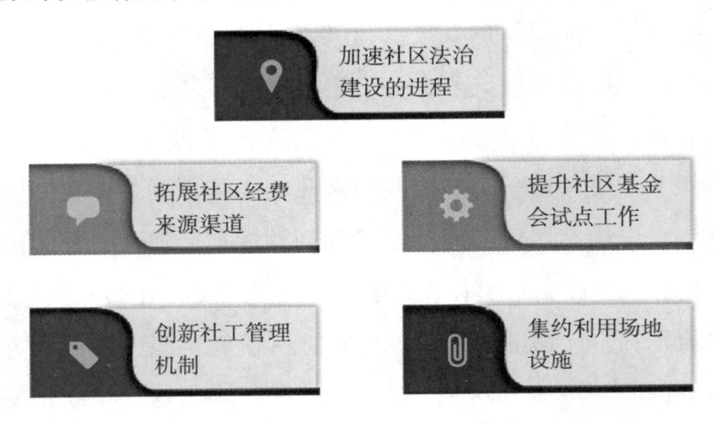

图 5–10　拓展社区治理资源型渠道的途径

1. 加速社区法治建设的进程

需要建立社区法律服务体系，为社区居民提供全方位、多层次的法律服务，帮助居民了解和维护自身的合法权益。这可以通过建立社区法律服务中心、律师服务站等形式实现，加强对法律援助的投入，提高法律服务的质量和效率。需要加强社区司法力量的建设，提高司法工作的专业性和效能。这可以通过加强对社区司法人员的培训和管理，加强对社区司法设施的建设和完善，提高社区司法机构的管理和运作效率等方式实现。

此外，还需要加强对社区法律环境的监管和管理，加强对社区违法行为的打击和惩治。这可以通过建立健全的社区监管体系、加强社区执法力量的建设等方式实现。加强对社区法治文化的宣传和教育，提高社区居民的法律素养和法治意识。这可以通过举办法律宣传教育活动、开展法制宣传咨询服务等方式实现。

2. 拓展社区经费来源渠道

社区经费来源是社区治理的重要支撑，只有充足的经费才能够保障社区的正常运转和各项工作的顺利开展。因此，需要拓展社区经费的来源渠道，增加经费的筹措渠道，提高经费使用效益。

政府可以通过加大财政投入，加强建设社区基础设施，提供社区服务。此外，政府还可以加强社区公共服务的收费和社区税收的征收，提高社区财政的自主性和可持续性。

社区也可以通过开展社区文化和商业活动来筹措经费，如举办文艺演出、体育比赛、义卖等活动，吸引市民前来参加，并通过收取一定的门票费或参赛费用等形式来筹集经费。

社区还可以积极引入社会资本，吸引社会投资者来投资社区建设项目，通过共建共赢的方式实现社区经费的筹措和利用。

3. 创新社工管理机制

社工是社区治理的重要力量，社工管理的优化和创新是社区治理的重要一环。为了更好地发挥社工的作用，需要创新社工管理机制，提高社工的工作效率和服务水平。需要建立健全社工队伍的培养和管理机制，采取多种形式，如专业技能培训、学习交流、定期考核和晋升等方式，提高社工的专业水平和工作能力。加强社工的队伍建设，建立严格的职业道德标准和考核体系，确保社工能够依据职业规范开展工作，提高服务质量和社会认可度。采用信息化手段，加强社工管理和服务的跟踪和反馈。利用智能化管理系统，建立社工服务档案和工作记录，实现信息化管理和数据共享，及时掌握社工的工作情况和服务成效，提高社工管理的效率和科学性。最后建立社工服务的激励和约束机制，采用多种方式，如职称晋升、工资调整、绩效评价等激励手段，以及严格的考核和惩戒机制，保障社工的正常工作秩序和职业规范。

4. 提升社区基金会试点工作

政府应该加强对社区基金会的引导和支持。建立政府与社区基金会之间的合作机制，加强双方的沟通和协调。政府可以为社区基金会提供资金、场所、税收等多方面的支持，同时也可以引导社区基金会发挥其在社区治理中的作用。社区基金会应该积极开展社会募捐活动，吸引更多的社会力量参与到社区建设中来。社区基金会可以采用多种筹款方式，如企业捐赠、个人捐赠、公益宣传等方式，不断拓宽经费来源。

社区基金会应该不断提高自身的管理水平，建立完善的运营机制。社区基金会应制定透明的财务制度，健全管理制度，建立起科学合理的项目管理流程，确保基金会的工作得以有序进行。社还应加强自身的公共形象塑造，提高社区居民对其的信任度和认可度。基金会可以在社区公益项目中充分发挥自身的优势，树立良好的社会形象，积极回应社区需求，为社区的建设做出更大的贡献。

5. 集约利用场地设施

需要对社区场地设施进行梳理和规划，明确其利用功能和定位，避免重复建设和闲置。同时，社区场地设施应具有多功能性，既能满足日常生活的需求，又能用于各种社区活动。这需要在规划和设计阶段注重细节，根据不同的使用需求灵活配置设施和资源，以满足居民不同的需求。通过拓展场地设施的使用方式和管理方式来实现资源集约化利用。例如，可以采用预定制度或共享制度来管理场地设施的使用，避免资源浪费和冲突。同时，政府可以与社区、企业等建立合作伙伴关系，共同管理和维护场地设施，使其得到最大程度的利用和维护。最后通过加强社区文化建设，推广文化活动来提高场地设施的利用率。政府可以组织各种文化活动和社区活动，吸引居民前来参与，同时在活动中充分利用

场地设施资源。这样不仅能够提高社区居民的文化素养和社交水平，也能够充分利用场地设施资源，实现资源的集约化利用。

（三）优化社区治理的服务性举措

在当前社会，政府作为社区治理的主导力量，拥有着丰富的资源和权力。在社区治理中，政府应该以服务为导向，以满足社区的需求和呼声为出发点，积极推进社区服务体系的完善，并规范服务内容。同时，政府也应该赋予社区主体足够的权力和资源，使他们能够在社区治理中发挥更积极的作用。社区服务中心作为综合性服务平台，应该明确自身的定位和角色，进一步增强社区融合性，同时适时引入更多的服务机构，促进服务项目的精细化和特色化。在此过程中，社区主体应该主动参与，并注重内部管理，提高服务质量和效率。最后，政府和社区主体应该共同努力，实现资源共享，促进社区治理的协同发展。

1. 完善社区服务体系

政府应审视现有的行政审批事项，简化审批流程，剔除无实质意义的审批项目，从而缩短办事时间。政府还应加快区、街道和社区办事大厅的融合，优化行政审批程序，提高行政服务的效率，以减轻公民在办理政务事项时所面临的种种困扰，提高其满意度。

大力推广网上办事，通过设立社区业务自助终端、微信公众号办事终端等方式，加快实现行政审批事项的联网办理。政府应在居民活动较为集中的地方设立 24 小时政务服务代办点，为公民提供全天候的政务服务，使得那些因工作或其他原因无法在正常工作时间内办理业务的人们得到方便。

此外，政府还需进一步完善政务服务环境，包括提升办事大厅的设施水平，提高工作人员的服务意识和专业素养，确保政务服务的质量。政府还应提供免费代办等业务，为老人、残疾人等弱势群体提供便捷服务，彰显政府对弱势群体的关爱。

（1）完善社区基本公共服务。为了满足社区居民的具体需求，进一步规范社区服务的内容和形式。为了让居民了解可以获得哪些服务，政府和相关部门需要制定并公布详细的服务明细清单。这将有助于提高透明度，让居民清楚自己的权益以及可以享受到哪些服务。

政府需要定期评估现有服务的质量和效果，并根据社区居民的需求进行调整和改进。这样可以确保社区服务始终紧密围绕居民的实际需求，不断提升服务质量。拓展有益的新项目也是提高社区服务满意度的关键。政府应当积极开展调查和征求意见，了解居民对于新服务项目的需求和期望，以便将有益的新项目纳入社区服务体系。

为了使社区服务更加高效，还需要确定服务项目的责任单位和供应方式。责任单位应当对其所提供的服务负责，确保服务质量。供应方式的选择也应根据服务项目的特点和社区居民的需求来确定，以求最大限度地满足居民的利益。

（2）提升社区公益服务。充分考虑不同社区的人口、文化和环境等特点，制定有针对性的培训方案，对社区内的义工进行分类培训。这样做有助于根据各社区的特点来满足其特定需求，同时也能提高义工们的服务质量。在社区内设立专门的义工活动阵地，如培训中心、活动场所等。这些阵地将成为义工们学习、交流和实践的平台，有利于提高义工队伍的凝聚力和战斗力。

在培训方面，充分利用辖区内的医院、疾控中心、消防队、学校等单位的专业力量，为义工们提供丰富的授课资源。这将有助于培养具有专门领域技能的义工队伍，如医疗协助、应急救援和文化传播等领域。通过专业化培训，确保义工们在执行任务时具备足够的能力和技能。

强化义工骨干队伍的引领作用。这意味着应当重视培养和选拔一批

具有较强领导力、组织协调能力和专业素养的骨干人才，让他们在社区公益事业中发挥核心作用。通过打造一支高水平的义工品牌，从而提高义工队在社区中的影响力，进一步增强社区的公益氛围，吸引更多专业人士参与社区公益服务。

为了确保社区公益服务的可持续发展，建立和完善长效机制。这包括定期对培训内容和方法进行评估与更新，以适应不断变化的社会需求；加强对义工队伍的管理与监督，确保义工们能够遵守规章制度，为社区提供高质量的服务；并不断扩大社区公益服务的影响范围，促使更多的人参与到公益事业中来。

（3）拓展社区便民服务。为了增强社区居民的生活便利性，首先根据社区的特点来制定一系列增益性服务内容。这意味着需要对社区进行全面的调查和研究，了解社区居民的需求和期望，以便为他们提供更符合实际情况的服务。同时，拓宽社区服务的社会化资源，通过与各种社会组织和企业合作，为居民提供更丰富多样的服务。

在提供服务的过程中，规范运营机构的软硬件条件，以确保服务的顺利进行。完善服务设施、提高服务人员的素质，以及加强对服务流程的管理。优化项目结构，确保项目能够满足不同居民的需求。在项目实施过程中跟进项目的实施情况，对于存在的问题要及时调整和改进。同时，根据居民的需求，适当调整项目内容，以更好地满足他们的期望。

最后，探索建立多元化的基层资源投入机制，以不断拓展服务维度和提升服务供给效率。这包括利用政府资金、社会捐赠和企业投入等多种途径，为社区提供更多的资源和支持。同时根据社区的实际需求情况，推出低偿的社区便民服务，例如家庭医生签约服务等。这将有助于进一步提高社区居民的生活质量，让他们在一个温馨、便利的环境中生活。

2. 优化社区服务平台

（1）明确定位，创造自身的社区价值。社区服务中心应明确自身作为一个综合性服务平台的定位，这意味着它需要成为一个能够满足社区居民多元化需求的服务提供者。为了实现这一目标，社区服务中心应增强自我充权意识，不断提升自身的服务水平和能力。

在强调协调性和配合性的基础上，社区服务中心应主动与其他社区组织和资源共享合作，共同推行居民喜闻乐见的社区服务项目。例如，与教育、医疗、文化、体育等领域的组织合作，提供丰富多样的活动和服务。此外，当条件成熟时，社区服务中心还可以运营低偿便民服务，如代购、家政、维修等，以进一步提高服务能力和满足居民需求。

社区服务中心还应定期为社区居民提供专业的培训和督导，鼓励他们参与社区服务，发挥他们的主体作用。这可以通过举办各类培训班、讲座、研讨会等形式，提高社区居民处理社区公共事务的能力。同时，社区服务中心应动员居民共同解决社区问题，使他们更积极地参与社区事务，共同推动社区的发展。

在发展服务项目的过程中，社区服务中心应重视品牌服务建设。这意味着不仅要提供优质的服务，还要通过有效的宣传和推广，使其在社区内树立良好的形象。通过不断地获取居民的信任和支持，社区服务中心可以创造自身的社区价值，为提升整个社区的生活水平和服务品质做出贡献。

（2）完善服务，推向精细化发展。在担任社区服务中心主要出资方的政府应尽量避免对中心的过度干预，以免影响服务的质量和效率。这意味着政府应该控制在适当的范围内对中心的指导，同时要防止行政化现象的出现。这样，社区服务中心将能更好地为居民提供所需的服务，同时保持其自主性和灵活性。

为了减少层级管理和提高效率，政府可以在适当的时机将聘请运营主体的权力和资金交由社区自治组织。这样，自治组织能够更好地发挥其作用，负责协调和管理社区服务中心的日常运作，确保社区服务更贴近居民的实际需求。

社区服务中心在为居民提供服务时，应通过问卷调查、访谈、线上平台等多种方式了解社区情况，挖掘居民的真实需求。这将有助于服务中心更好地利用其平台和资源优势，策划和实施有意义的社区服务项目，以满足居民的需求。

在项目结束后，社区服务中心应对其进行总结和评估，以便不断积累解决社区问题的经验。这种反馈机制将有助于社区服务中心不断完善和提升服务质量，为居民提供更好的社区生活环境。

此外，社区可以根据不同服务内容的特点，将具有特定服务领域专长的社工机构纳入社区服务体系，承接不同的社区服务。这将有助于提高社区服务的专业性和精细化水平，从而更好地满足居民的多样化需求。

（3）加强合作，链接各方有效资源。强社区服务平台与各方之间的合作，链接有效资源，是提高社区服务质量和效益的关键。社区服务平台应该主动联系社会组织、企业、居民等各方面资源，搭建信息共享平台，协调资源分配，推动资源共享。此外，社区服务平台还应该积极探索公共资源的多元化运营方式，拓宽资金来源渠道，增加社区建设的资金来源，实现资源的合理利用。

在加强合作的同时，还需要注重资源的有效链接。社区服务平台应该根据社区的实际需求，将各方资源有机地结合起来，实现资源的优化配置，达到最大的社区服务效益。例如，社区可以与企业合作，通过企业的资源和优势来推动社区服务平台的建设，提供更多的服务项目，提升服务水平。此外，社区服务平台还应该与公共机构、社会组织等进行深度合作，共同推进社区建设，实现社区治理的可持续发展。

社区服务平台还应该加强与居民的联系和沟通，深入了解居民的需求和意见，从而更好地为居民提供服务。这可以通过定期召开社区座谈会、社区调查问卷、建立居民反馈渠道等方式来实现。通过有效地链接各方资源，加强合作，实现资源共享，社区服务平台可以为社区居民提供更加优质、便捷和高效的服务，促进社区的和谐稳定发展。

第五章　城市更新空间治理的模式探索

第一节 城市更新空间治理理念探索

不管是对于中国还是对于西方国家来说，在不同的发展时期，城市更新都会有不同的侧重点。什么是城市更新？应该怎样更新？由谁来更新，关于这些问题都有着不同的界定。相比于西方国家，我国的城市更新速度是比较快的。自改革开放以来，在短短 40 年的时间里，我国的城市空间的治理模式就已经呈现出了多元化特点。张京祥和罗震东曾这样表示：中国的城市更新在 1978 年后，经历了政府一元、政企二元、多元共治三个演进过程。[①] 从中我们就可以看出城市更新空间治理理念经历了多次变迁，政府、市场以及社会三方政体在不断改变自身角色及立场。也就是说，在此过程中，城市更新内容发生了改变，更新路径发生了改变，更新主体也发生了改变，详细如图 6-1 所示。

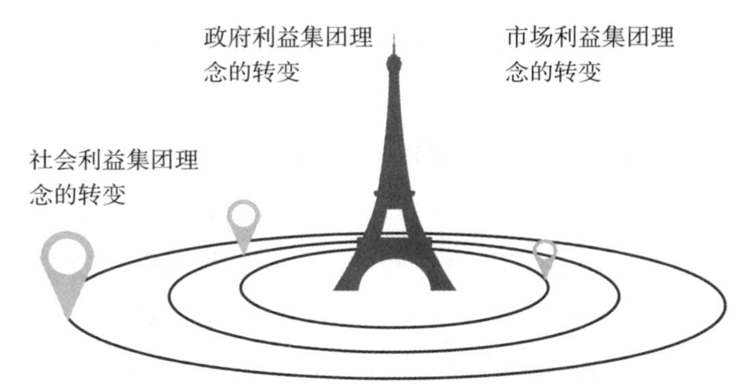

图 6-1 城市更新空间治理理念

① 张京祥，罗震东 . 中国当代城乡规划思潮 [M]. 南京：东南大学出版社，2013：121.

一、政府理念的转变

随着中国实行改革开放政策，从计划经济体制向市场经济体制的转变，政府的角色在城市更新中发生了重大改变。在计划经济时期，政府是唯一的资源所有者和使用者，对城市更新的控制力非常强。企业和个人要想发展，必须依赖政府的资金支持，公众的参与机会也受限。整个城市更新过程由政府全权负责，改造好的住宅由政府分配给居民。

随着市场经济体制的建立，土地政策、金融政策和住房政策都进行了重大改革。政府逐渐退出市场领域，代之以城市的运营商和开发商。社会组织如公众和社区也逐渐发挥更重要的作用。城市更新的治理方式也从以往的决断型空间治理转变为合作型和监管型空间治理。

政府的治理理念也经历了转变的过程，该转变首先从福利型转变为公司化型。政府不再全权负责社会经济运行，这一转变的重要标志是分税制的实施。市场化的土地和资本已经为这种转变提供了条件。分税制激励了地方政府的公司化进程。在巨大的财政诱惑下，地方政府积极投入城市开发工作。从 90 年代开始，政府主导权在城市更新中发生了改变，大部分地方政府开始转变为企业型政府。

这种转变带来了一系列的影响。政府不再是唯一的决策者和资源供应者，城市更新的责任和权力得到分散。市场机制和社会组织的参与程度增加，提高了城市更新的效率和创新性。然而，这种转变也带来了一些问题，如政府监管不到位、市场竞争不充分等。因此，政府在转变为监管型政府时需要继续加强监管职能，确保城市更新的公平性、可持续性和社会效益。

第二次政府政体治理理念的转变涉及对地方政府公司化倾向的重新定位。近年来，越来越多的声音呼吁政府承担更多的社会公共职能。中央政府也强调地方政府应当将重心转移到经济调节、社会管理、市场监督和公共服务上。

这一转变意味着地方政府需要更加关注社会管理和公共服务，朝着服务型政府的方向转变。政府机构改革等制度改革措施正在不断推进，以促进治理能力的现代化。在地域发展水平差异和政绩考核压力的双重影响下，地方政府仍然面临着一些挑战。有时候，他们可能会过于关注眼前的利益，仅仅将城市更新作为谋取经济利益的手段。相对于追求长期的产业升级和城市发展空间，他们可能更容易受到眼前的政绩考核压力的驱使。

二、市场利益集团理念的转变

在城市更新中，企业的主要目标是追求利润，这使得市场政体具有理性价值的属性。无论是民营企业还是国有企业，城市更新的目标和底线都是确保商业利润最大化。尽管追利目标保持不变，但实现这一目标的路径可以有多种。市场政体在空间治理理念中经历了转变，从早期的"依赖政府"和"政企合作"逐渐转向探索"社企合作"的模式。在计划经济时期，市场力量无法参与城市更新过程，但随着市场化机制的完善和城市化水平的提高，市场力量在城市更新中发挥的作用越来越大。

开发企业最初对于城市更新项目并不乐观，它们高度依赖政府相关政策。在早期，对于来自其他省份的民营企业而言，能参与北京等城市的更新项目是少数机会之一。因此，开发企业在开发过程中努力降低和控制开发和建设成本。

分税制改革的成功是大家有目共睹的，早期的城市更新项目也取得了不错的成果。分税制改革促进了地方政府引入市场机制，缓解了资金压力。房地产企业在城市更新中发挥了积极的作用。首先，他们拥有大量资本，可以缓解政府资金压力。其次，房地产企业具备高效的工作机制，能够有效解决建设、管理和运营方面的问题，成为城市更新的重要组成部分。

2008 年全球经济危机的爆发给各国带来了严峻的经济形势，也对城市更新工作产生了巨大影响，使得开发商在决策时更加谨慎。在考虑城市风貌和景观建设时，他们会考虑建筑密度、容积率、公共配套设施等要求。在实际的建设过程中，他们也受到许多限制，城市更新项目的特点之一是开发周期长、收益受限。因此，开发商更愿意将精力集中在改造商业区和商业街道上，而不愿意参与城市更新工作。

近年来，开发商采取了越来越多的开发模式，例如制定开发策略时以公众关注的公共产品为依据，开发商逐渐意识到在城市更新过程中，企业的利益与社会责任并非完全矛盾。虽然企业追求利润仍然是主要目标，但他们开始将企业文化和城市文化融入城市更新中。许多城市在进行城市更新项目时注重赋予其一定的公益性质，这对于开发商进行企业道德建设非常有益，同时也有助于提升公司品牌知名度。例如，北京的苹果社区通过创新的推广方式，在城市更新中融入传统文化元素，打造了独特而具有特色的商业街区。另外，上海太平桥改造项目中瑞安房产的参与也成为城市更新的经典案例，实现了政府、企业和社区居民之间的平衡。

此外，一些开发商还通过创新探索新的开发模式，例如与公众合作开发的方式。广东在城中村改造中尝试了这种模式。这种合作模式能够促进公众参与，使城市更新更加符合公众利益，进一步平衡了市场利益和社会利益的关系。一些开发商还通过产业转型来适应政府调控的影响，积极参与更深层次的新产业链条投资和运营。

在政府调控的影响下，市场政体的理念也发生了转变，但这个过程并非线性趋势，而是经常出现反复和突变的情况。广州对于旧城改造的过程就展示了这一转变特点。从 20 世纪 80 年代开始，广州的旧城改造主要由政府单位主导，随后逐渐引入民营房地产开发商。到了 2000 年后，政府逐渐成为城市社区有机更新的主导者。参与主体也从政府和单位转变为政府和房地产开发商，再转变为政府和公众。政府在开发商参与的旧城改造中扮演关键角色。随着城市更新的演进，企业、政府和公众之间的关系也发生了巨大的改变。

三、社会利益集团理念的转变

社会利益集团的理念转变在城市更新空间治理中扮演着重要的角色。随着公民意识的觉醒和社会环境的变化，人们开始更加关注自身的利益，积极表达自己的意见并维护自身的权益。这种转变受到人均国内生产总值增长、社会环境和舆论氛围的推动。

首先，人均国内生产总值的增长是推动社会利益集团理念转变的重要因素。我国经济的快速发展提高了人们的物质生活水平，人们对自身权益和利益的关注也日益增强。随着经济条件的改善，人们有能力和条件更加积极地参与城市事务，并追求自身利益的最大化。

其次，社会环境和舆论氛围的转变也推动了社会利益集团理念的转变。社会各界对城市更新和社区发展的关注度不断提升，人们开始更加关注自身所在社区的发展和改善。同时，舆论的引导和传播促使公众更加积极地表达自己的声音和诉求，推动城市更新中的治理结构变更。

在这样的背景下，社会利益集团的理念逐渐得到重视和认可。越来越多的社会团体和组织开始参与城市更新事务，接管一部分企业和政府的权力。社区改造和开发模式也开始出现更多以村集体为主体的模式，农民不再以个体身份参与城市更新，而是通过村委会等组织来参与讨论和谈判，成为最大的利益受益方。

这种社会利益集团理念的转变在城市更新空间治理中具有重要意义。它提醒着政府和市场要更加注重公众的诉求和利益，加强与社会团体的合作和协商。同时，社会利益集团的参与也为城市更新带来了多元化的观点和创新的解决方案，推动着城市更新的进程。通过这种转变，城市更新空间治理可以更加民主、包容和可持续，实现公众利益的最大化。

第二节　城市更新空间治理的方向转变

一、从规模扩张向质量提升转变

在过去的城市更新过程中，规模扩张是主要目标。城市发展的快速推进促使政府将重心放在土地资源的开发和城市规模的扩大上，以追求更高的经济增长。然而，随着社会经济的发展和人们生活水平的提高，对城市空间的需求也发生了很大变化。人们对城市环境、设施和服务的需求越来越多元化，对城市空间的质量要求也越来越高。因此，城市更新空间治理的方向需要从规模扩张转向质量提升。

质量提升意味着城市更新空间治理需要关注城市的功能性、舒适性和可持续性。在功能性方面，城市更新应该提高城市的综合承载能力，满足居民的各种需求。这包括改善基础设施，提高公共服务水平，促进产业发展，改善居民生活环境等方面。在舒适性方面，城市更新应该关注城市空间的人性化设计，创造宜居、宜业、宜游的城市环境。这包括提高公共空间的可达性、可利用性和可感知性，增加绿色空间和文化空间，改善交通和停车设施等方面。在可持续性方面，城市更新应该注重资源节约和环境保护，实现城市发展与生态环境的和谐共生。这包括提高城市建筑的节能性能，推动绿色出行，实施垃圾分类和减排措施等方面。

城市更新空间治理向质量提升转变的实现需要政府、企业和社会各方共同努力。政府应该完善相关政策，引导城市更新项目的实施方向；企业应该承担社会责任，关注项目的质量和影响；社会各界应该加强监督，参与城市更新过程。同时，还需要借鉴国内外先进的城市更新经验和理念，不断创新和完善城市更新空间治理的方法和手段。

二、从单一功能向综合功能转变

在过去的城市更新过程中，很多项目主要关注某一特定功能的改善或建设，如住宅、商业、办公等。这种单一功能的城市更新方式往往导致城市空间的利用效率低下、功能不足和人口聚集问题。因此，城市更新空间治理的方向需要从单一功能转向综合功能。

综合功能的城市更新空间治理旨在通过多功能的组合和互动，使城市空间具有更高的效率、活力和韧性。综合功能的城市更新应该注重以下几个方面，如图 6–2 所示。

多功能混合　　功能互补

空间层次

图 6–2　综合功能的城市更新应注意的问题

（一）多功能混合

在城市更新过程中，应该充分考虑各种功能的组合，如住宅、商业、办公、文化、教育等。这样可以提高城市空间的使用效率，满足居民多元化的需求，同时促进经济活动的繁荣。

（二）功能互补

在城市更新空间治理中，应该关注功能之间的互补关系，实现功能的优势互补和协同发展。例如，商业和办公功能可以互相促进，提高区域的商务活力；住宅和公共服务功能可以共享基础设施，提高服务水平。

（三）空间层次

在城市更新空间治理中，应该注重空间层次的设计，实现功能的有序组织和合理布局。这包括合理规划建筑高度、密度和绿地比例，以及优化交通、公共空间等要素的布局。

综合功能的城市更新空间治理需要多方共同参与和协作。政府应该制定相应的政策和规划，引导城市更新项目的功能组合和布局；企业应该关注项目的功能创新和品质提升，为居民提供更优质的生活环境和服务；社会各界应该加强监督和参与，提出合理化建议，共同推动城市更新空间治理的发展。

三、从行政导向向市场导向转变

在过去的城市更新过程中，政府行政干预通常起着主导和推动的作用。然而，这种行政导向的方式常常导致资源配置效率低下和利益分配不公平的问题。为了更好地满足城市发展的需求并提高城市空间治理的效率，现在的城市更新空间治理方向正在从行政导向转向市场导向。

市场导向的城市更新空间治理强调市场在资源配置、项目决策和利益分配等方面的主导作用，政府在这个过程中主要扮演监管和服务的角色。市场导向的城市更新空间治理具有一些显著特点。

市场导向的城市更新空间治理更加关注满足市场需求。项目的选址、规模和功能等方面更加符合市场的实际需求，以提高城市空间的使用效率和满足居民多元化的需求。通过市场机制的运作，项目的发展更加灵活，能够更好地适应市场变化和需求变化。

市场导向的城市更新空间治理有利于优化资源配置。通过引入竞争和选择机制，吸引有实力和经验的开发商参与城市更新项目，可以提高项目的质量和效益。市场机制的引入可以促使资源的高效配置，使得投资和资源更有价值，同时减少浪费和低效率的问题。

市场导向的城市更新空间治理有助于实现利益分配的公平性。通过市场化的土地和房产交易，可以保障居民和其他利益相关方的合法权益。市场机制的透明性和公正性可以有效减少腐败和不当利益输送的可能性，确保利益的公平分配。

四、从强制拆迁向征地征收转变

在过去的城市更新过程中，强制拆迁往往作为主要手段，不仅导致了很多居民的生活受到影响，还可能引发社会矛盾和纠纷。为了更好地保障居民的合法权益，促进城市更新空间治理的和谐发展，城市更新空间治理的方向需要从强制拆迁转向征地征收。

征地征收是一种相对公平且合理的城市更新手段，它强调在城市更新过程中保护原有居民的权益，以及给予合理的补偿和安置。实现从强制拆迁向征地征收的转变，需要关注以下几个方面，如图 6-3 所示。

图 6-3　实现从强制拆迁向征地征收转变的关注点

（一）完善征地征收法律法规

政府应当通过制定和完善相关法律法规，明确征地征收的程序、标准和补偿方式，确保征地征收过程的公平性和合规性。这些法律法规应包括征地征收程序的明确规定，确保居民在征收过程中的合法权益得到保护，并明确补偿和安置的标准，确保居民得到合理的补偿和安置方案。

（二）强化征地征收的信息公开和透明度

政府应加强征地征收信息的公开和透明度，确保居民能够充分了解征地征收的目的、程序和补偿方案。通过公开征地征收的相关信息，如征收计划、评估报告、补偿方案等，居民可以更好地了解自己的权益和利益受损情况，从而增强他们对征地征收的信任和认同。

（三）保障居民的参与权

政府应当建立起征地征收决策的民主机制，充分听取和考虑居民的意见和建议。在征地征收的规划和决策过程中，政府可以通过居民代表、公开听证会等形式，促使居民参与决策，使他们的合法权益得到更好的保障。

（四）提高征地征收的补偿标准和安置质量

政府应当根据市场规律和居民需求，提高征地征收的补偿标准，确保居民得到合理的补偿；同时，提高安置房的质量和配套设施，为居民创造更好的居住环境。

五、从短期效益向长期效益转变

在过去的城市更新过程中，很多项目主要关注短期的经济收益，例如通过土地出让金、房地产销售等途径迅速回收投资。这种以短期效益为导向的方式往往忽略了城市更新对环境、社会和文化等方面的长期影响。因此，城市更新空间治理的方向需要从短期效益转向长期效益。

长期效益意味着城市更新空间治理应关注项目的可持续性、包容性和生活品质等方面，以实现城市更新对城市整体发展的长期贡献。具体来说，以下几个方面是需要关注的，如图 6–4 所示。

图 6–4　需要关注的三个方面

第一，关注城市更新项目的可持续性。这包括在城市更新过程中，采用绿色建筑、节能技术、可再生能源等环保手段，降低项目对环境的负面影响。同时，还要关注城市更新项目的生态友好性，如增加绿色空间、改善生态系统服务功能等，以提高城市的生态环境质量。

第二，关注城市更新项目的包容性。城市更新空间治理应充分考虑不同社会群体的需求，特别是弱势群体，如老年人、残疾人等。这意味着在城市更新过程中要关注公共空间的无障碍设计、住房政策的公平性等方面，以促进社会包容和凝聚力。

第三，关注城市更新项目对居民生活品质的影响。城市更新空间治理应关注项目对居民生活品质的长期影响，如改善基础设施、提高公共服务水平、丰富文化活动等。这有助于提高城市的吸引力和竞争力，为居民创造更好的生活环境。

实现从短期效益向长期效益的转变，需要政府、企业和社会各方共同努力。政府应当制定相应的政策和规划，引导城市更新项目的可持续性、包容性和生活品质等方面的发展；企业应当关注项目的长期效益，为城市发展创造更多的价值；社会各界应当加强监督和参与，共同推动城市更新空间治理的方向转变。

第三节　多元协同促进城市空间治理管理

在城市更新和空间治理过程中，传统的行政导向和市场导向方式已经显示出一些局限性。为了更好地应对城市发展的挑战，提高空间治理的效率和公正性，多元协同成为一种重要的治理模式。多元协同强调多个主体的参与和合作，通过协同机制的构建和运行，促进城市空间治理的协调与整合。

一、多元主体的参与方式

城市空间治理的多元协同模式强调多个主体的积极参与和合作，以实现更有效和公正的治理。在多元协同的框架下，各个主体之间的参与方式具有重要意义，以下是几种关键的参与方式，如图 6–5 所示。

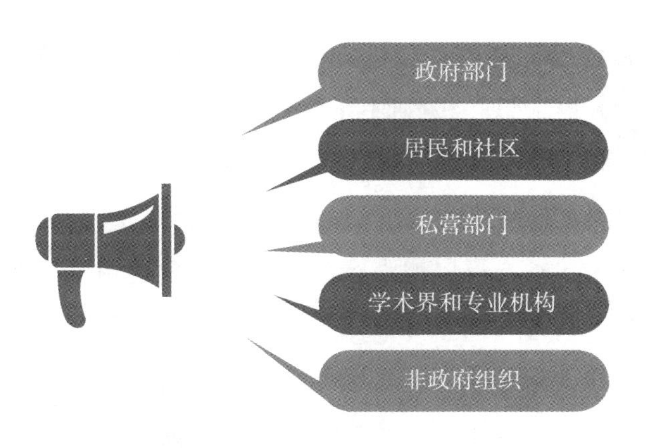

图 6–5　多元主体的参与方式

（一）核心要素——政府部门

政府通过制定政策和法规来引导城市空间治理。政府可以制定相关政策，如土地利用政策、城市规划政策和环境保护政策，以确保城市发展符合公共利益和可持续发展的原则。政府还可以制定法规和法律，规范和约束城市发展的行为，保护公众权益和环境资源。

政府可以制定城市总体规划和分区规划，明确城市的发展方向、布局和功能区划。政府还可以通过城市设计和建筑控制，提升城市的品质和形象，改善居民的生活环境。政府可以提供经济、技术和人力资源，支持城市空间治理中的各个主体和项目的开展。政府还可以提供基础设施建设和公共服务，满足市民的基本需求，提高城市的生活质量。

政府的参与应注重公共利益的维护。政府在决策和执行过程中应充分考虑公众利益，通过合理的权衡各方利益，推动城市空间治理的公正性和可持续性。政府应加强与社会团体、利益相关者和市民的沟通和合作，达成共识，促进社会的参与和共治。

（二）不可或缺——居民和社区

居民和社区在城市空间治理中扮演着不可或缺的角色。作为直接受益者和关键利益相关方，他们对城市发展和空间利用有着直接的感受和需求。因此，政府应该积极鼓励和支持居民和社区的参与，并建立合适的参与机制，以确保他们能够在城市空间治理中发表意见、提出建议，并参与决策的制定与实施。

居民和社区的参与可以增强治理的民主性和透明度。通过设立居民代表机构、举办公开听证会等方式，政府可以直接听取居民和社区的声音，了解他们的需求和关切。居民和社区的参与能够使决策过程更加公正和合理，避免权力滥用和不当决策的发生。此外，居民和社区的参与还能够增强决策的透明度，让公众了解决策的依据和过程，提高治理的可信度和可接受性。

居民和社区的参与可以提高治理的效果和可持续性。居民和社区是最了解自身需求和问题的人，他们的参与能够为决策提供更准确的信息和实际的反馈。通过居民和社区的参与，决策可以更好地满足他们的需求和利益，提高政策的针对性和实施效果。此外，居民和社区的参与还能够促进社区的凝聚力和发展，增强社区的自我管理和自我发展能力，实现城市空间治理的可持续性。当居民和社区的意见和建议被充分听取和采纳时，他们会感到自己是城市发展的一部分，对城市的未来有更强的归属感和责任感。这种参与感能够激发居民的积极性和创造力，推动社区的发展和改善。

（三）重要组成部分——私营部门

开发商、投资者和企业在城市空间治理中具有重要的角色和资源，他们的参与能够为城市的发展和更新提供必要的资金和技术支持。政府应该创造有利于私营部门参与的环境，通过建立合理的激励机制、简化审批程序和提供相关的支持措施，鼓励私营部门参与城市空间治理的规划、设计和实施。私营部门的参与将带来更多的创新和市场机制，提高

城市更新的效率和质量。

（四）学术界和专业机构

学术界和专业机构拥有丰富的知识和专业技能，在城市规划、设计和管理方面具有独特的优势。他们可以提供科学的研究和专业的建议，为城市空间治理的决策和实践提供支持。学术界可以进行深入的研究和分析，探索城市发展的趋势和问题，提供全面的理论和实证研究成果。专业机构则具有实践经验和技术专长，能够为城市空间治理提供专业咨询和技术支持。政府可以积极与学术界和专业机构进行合作，通过合作研究项目、专题讨论会和专家咨询等形式，借鉴他们的经验和知识，提高城市空间治理的科学性和可操作性。

（五）非政府组织

非政府组织代表着不同的利益群体和社会需求，他们在城市空间治理中起着监督、倡导和代表的作用。非政府组织可以通过开展社会调查、组织公众参与和提供社会服务等方式，促进城市空间治理的公正性和可持续性。政府应当与非政府组织建立合作机制，建立定期的沟通和合作渠道，充分倾听他们的声音和建议，确保各方利益得到平衡和协调。

二、协同机制的构建与运行

在城市空间治理中，协同机制的构建与运行不仅涉及多元协同的策略制定，还需要在实际操作中细致地体现出来。以下几点是在构建和运行协同机制时的主要考虑要素，详见图 6–6。

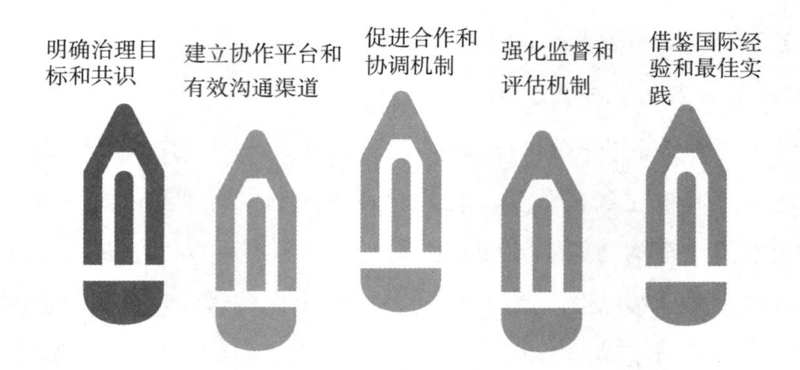

图 6-6 构建和运行协同机制时的主要考虑要素

（一）明确治理目标和共识

构建协同机制的首要步骤是明确治理目标和共识。城市空间治理涉及多个利益相关方，他们可能拥有不同的利益和目标。因此，各方需要通过充分的讨论和协商，明确共同的治理目标和共识。这需要建立一个开放、包容和平等的讨论平台，各方可以在这个平台上提出自己的意见和建议，理解并认同彼此的利益和目标。

在明确治理目标和共识的过程中，需要进行深入的分析和调研。各方应共同了解城市现状和存在的问题，明确需要解决的挑战和目标。同时，还需要考虑社会、经济、环境等多个维度的因素，确保治理目标的全面性和可持续性。

一旦达成共识，后续的协同工作将会更加顺利。各方将在共同的目标和原则下展开行动，减少冲突和分歧，形成一个共同的行动框架。此外，明确的治理目标和共识还可以为协同机制的运行提供明确的指导和评估标准。

（二）建立协作平台和有效沟通渠道

建立协作平台和有效沟通渠道是实现协同机制运行的关键环节。协作平台可以是各种形式，例如多方参与的工作组、联合项目团队或专门的城市治理委员会等。该平台应该是一个开放和包容的环境，各方可以在平等和互信的基础上进行讨论和合作。

有效的沟通渠道是协同机制运行的基础。这可能涉及定期会议、在线平台和信息共享系统等。定期会议可以提供面对面的交流机会，让各方可以深入讨论问题并做出决策。在线平台和信息共享系统可以提供便捷的信息传递和共享，使各方能够及时了解最新的进展和决策结果。

此外，为了确保有效的沟通和协调，还需要建立透明和开放的信息共享机制。各方应当主动提供信息，并鼓励公开透明的信息传递，以增加各方之间的互信和合作。

（三）促进合作和协调机制

合作和协调机制是协同机制运行的核心，旨在促进各利益相关方之间的合作、协调和共同行动，以达成共同的治理目标。

合作机制应基于相互信任和共同利益。各方应意识到彼此在城市空间治理中存在共同的利益，并建立相互信任的基础。合作机制的建立需要各方共同努力，展现合作的意愿和诚意，以确保各方能够协调行动、共同推进城市空间治理。可以通过建立合作协议、共同决策机制或制定共同行动计划等方式实现。合作协议可以明确各方的责任和义务，规定合作的原则和方式。共同决策机制可以确保各方在决策过程中有平等的参与权，共同制定决策方案。制定共同行动计划可以明确各方的行动步骤和时间表，推动协调的行动。

在促进合作和协调机制时，需要建立有效的沟通和协商机制。各方应保持开放的心态，倾听和尊重其他利益相关方的意见和建议。通过定期会议、工作组讨论、专门研讨会等方式，可以促进信息共享和深入的交流，增强各方之间的理解和信任。

合作和协调机制还需要确保权力平衡和公正性。各方应平等参与决策和资源分配，避免权力过度集中或偏向某一方。在决策过程中，应充分考虑各方的利益和意见，并寻求共识和妥协。

为了确保合作和协调机制的有效运行，需要建立监督和评估机制。监督机制可以监测各方的履责情况，及时发现和解决问题。评估机制可以评估合作和协调的效果和成效，为改进和优化机制提供依据。监督和评估机制应透明和公正，确保各方的参与和监督权利。

（四）强化监督和评估机制

在协同机制的构建和运行过程中，强化监督和评估机制是至关重要的。这些机制有助于保证各方按照协作机制的约定履行责任，及时发现和解决问题，以及评估协同机制的有效性和成效。

建立监测指标和绩效评估体系是强化监督和评估机制的关键。通过明确的指标和评估体系，可以对城市空间治理的进展和效果进行定量和定性的评估。这些指标可以包括城市发展的经济、社会和环境指标，以及协同机制中各方履行责任的情况。监测指标和绩效评估体系的建立可以为各方提供参考，帮助他们了解自身的表现和改进的方向。

定期报告进展和成果是强化监督和评估机制的重要环节。各方应定期汇报他们在城市空间治理中的工作进展和取得的成果。这可以通过会议、报告、年度评估等方式进行，以确保信息的透明性和共享。定期报告有助于各方了解整体进展情况，发现问题并提出改进建议。

此外，建立纠正措施和改进计划也是强化监督和评估机制的重要组成部分。监督和评估过程中可能会发现问题或不足之处，需要及时采取纠正措施和改进计划。各方可以共同讨论和制定针对性的改进措施，以解决问题和提升协同机制的效能。这些措施可能包括修订合作协议、加强沟通与协调、优化资源分配等，以不断提高协同机制的运行效果。各方应确保监督和评估过程的公正性和公开性，允许其他利益相关方对协

同机制的运行进行监督和参与。这可以通过公开会议记录、信息公示和独立第三方评估等方式实现。透明度和参与性可以增强各方对协同机制的信任和支持，推动城市空间治理的公正性和可持续性。

（五）借鉴国际经验和最佳实践

在构建和运行协同机制时，借鉴国际经验和最佳实践是非常有益的。城市空间治理是一个全球性的挑战，许多国家和城市已经在这方面取得了丰富的经验和成果。通过借鉴这些经验，可以为协同机制的构建和运行提供有益的指导。借鉴国际经验可以拓宽视野，了解其他国家和城市在城市空间治理方面采取的不同策略和方法。不同国家和地区可能面临不同的挑战和条件，但在协同机制方面的经验可以为我们提供宝贵的参考。通过学习和借鉴其他地方的成功案例，可以发现新的思路和解决方案，提升协同机制的效能。

借鉴国际最佳实践可以帮助我们发现行之有效的方法和工具。许多国家和城市已经建立了成功的协同机制，并积累了一系列有效的实践经验。例如，一些城市建立了跨部门合作机制、社区参与机制或公众咨询平台，以促进城市空间治理的共同决策和合作。借鉴这些最佳实践，我们可以选择适合本地情况的机制和工具，为协同机制的构建和运行提供指导。

此外，国际经验和最佳实践还可以帮助我们意识到全球合作的重要性。城市空间治理面临的许多挑战，如气候变化、城市贫困、城市规划等，都是全球性的问题。通过与其他国家和城市的合作，我们可以共享知识、资源和技术，共同应对这些挑战。国际经验和最佳实践的借鉴可以促进国际合作交流，形成更加开放和协同的城市空间治理网络。

在借鉴国际经验和最佳实践时，需要注意本地的特殊条件和文化背景。每个城市都有其独特的环境、社会和经济特征，因此不可简单照搬他处的经验。借鉴国际经验应结合本地实际情况进行调整和创新，以确保协同机制能够适应本地的需求和挑战。

三、多元协同对城市空间治理的贡献

多元协同作为一种城市空间治理模式，对于提升治理效果和推动可持续城市发展具有重要的贡献。以下将详细论述多元协同对城市空间治理的几个方面的具体贡献，如图 6–7 所示。

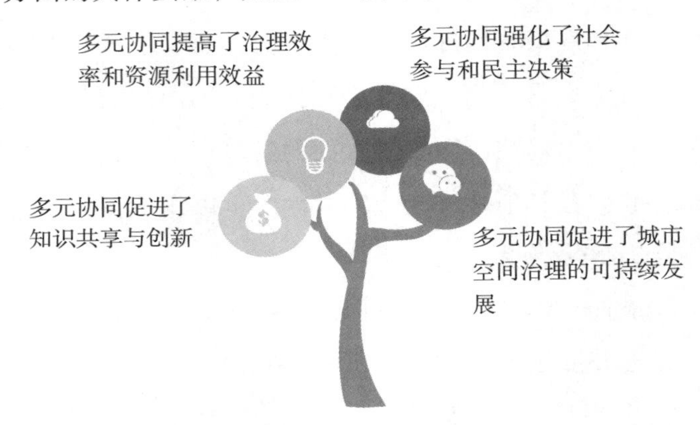

图 6–7　多元协同对城市空间治理的几个方面的具体贡献

第一，多元协同促进了知识共享与创新。不同主体的参与为城市空间治理带来了丰富的知识和经验资源。政府部门、学术界、私营部门和非政府组织等多个利益相关方通过协同机制共同交流和分享知识。这种知识共享与创新加强了城市空间治理中的信息流动和学习过程。不仅可以激发创新思维，探索新的解决方案，还能够借鉴和吸纳国际经验和最佳实践。通过多元协同，城市空间治理能够从各方面获得多元化的智慧和专业知识，为决策提供更全面、科学和创新的支持。

第二，多元协同提高了治理效率和资源利用效益。通过协同机制，不同主体能够协调行动、共享资源，从而提升了城市空间治理的效率。

政府与私营部门的合作可以吸引更多的投资和技术支持，加快城市更新和发展的进程。此外，多元协同还能够有效整合各方的利益，避免决策过程中的冲突和摩擦，减少资源的浪费和重复努力。通过多元协同，城市空间治理能够更好地协调各利益相关方的行动，实现资源的优化配置，提高资源利用效益和治理效果。

第三，多元协同强化了社会参与和民主决策。居民和社区作为城市空间治理的直接受益者和关键利益相关方，在多元协同模式下得到了更广泛的参与机会。通过建立有效的协同机制，居民和社区能够参与决策的制定和实施过程，表达自己的意见、关切和需求。这种社会参与能够增强决策的合法性和可接受性，提高治理决策的公正性和民主性。此外，多元协同还能够增强社会资本的积累和社会凝聚力，建立起政府、居民和其他利益相关方之间的信任和合作关系。通过居民和社区的广泛参与，城市空间治理能够更好地反映社会多样性和民意，从而使决策更加贴近居民的需求和利益。

第四，多元协同促进了城市空间治理的可持续发展。在多元协同模式下，各个主体能够共同关注城市空间的环境、社会和经济方面的可持续性。通过协同机制，政府、私营部门、学术界和非政府组织等多方合作，能够制定和实施更具可持续性的城市规划和政策。例如，推动绿色建筑和可再生能源的发展，优化城市交通和物流系统，提升城市生态环境质量，促进社会公平和包容性发展等。多元协同的城市空间治理能够更好地综合各方利益和目标，推动城市朝着经济、社会和环境的协调发展，实现可持续城市的目标。

第四节 城市更新治理向人本化、生态化、数字化模式转型

在当前城市更新治理的背景下，城市更新空间治理正面临着向人本化、生态化和数字化模式转型的趋势。这一转型强调在城市更新过程中关注人的需求、环境保护和科技应用，以实现城市更新的高质量和可持续发展。

一、人本化城市更新空间治理

人本化城市更新空间治理是一种以人的需求为核心的治理理念和实践，旨在关注城市更新过程中居民的参与权、福祉和生活品质等方面。它强调将居民置于城市更新的决策与实施的中心地位，使城市更新更加符合居民的需求和利益，实现公平、可持续和人文化的城市发展。

其一，人本化城市更新空间治理的内涵在于充分保障居民的参与权。这意味着居民在城市更新的决策和规划过程中应具有广泛的参与权和表达权。政府应该积极开展公众参与，通过召开听证会、举办座谈会、征求意见和建议等形式，邀请居民参与城市更新的决策过程。此外，应提供信息透明、易于理解的资料，确保居民对城市更新的相关信息和决策有充分的了解，从而使居民的意见和需求能够得到充分考虑和反映。

其二，人本化城市更新空间治理关注弱势群体的权益保护。在城市更新过程中，特别需要关注那些容易被边缘化和忽视的弱势群体，如低收入居民、流动人口、老年人、残障人士等。为此，政府应制定有针对性的政策和措施，确保这些群体在城市更新中不会受到不公平的对待或被排除在外。这包括提供适应特殊需求的住房和基础设施，改善社区服

务和公共交通的可及性，以及提供社会支持和保障措施，以确保弱势群体在城市更新中能够平等参与和分享发展成果。

其三，人本化城市更新空间治理关注居民的生活品质和环境质量。它强调通过改善基础设施、提高公共服务水平等手段，为居民创造更好的居住环境和生活条件。这包括提供良好的住房条件和居住配套设施，改善道路交通和公共交通网络，增加绿地和公园空间，提供优质的教育、医疗、文化和娱乐设施等。通过提升居民的生活品质，人本化城市更新空间治理能够增进居民的满意度和幸福感，促进社会的稳定和可持续发展。

在实践中，人本化城市更新空间治理可以通过以下方式得以体现：

引入居民参与机制：建立有效的居民参与机制，包括社区居民代表组织、社区咨询会议、公众听证会等，以确保居民在城市更新决策和规划中发挥重要作用。政府应积极倾听居民的声音，认真对待居民的意见和建议，从而更好地满足居民的需求。

关注社会公平和包容性：在城市更新过程中，特别要关注弱势群体的权益保护，确保他们不会受到负面影响或被边缘化。政府可以通过提供适应特殊需求的住房和基础设施、改善社区服务和公共交通等手段，促进社会公平和包容性的发展。

改善基础设施和公共服务：投入足够的资源和资金改善城市的基础设施，提高公共服务的质量和可及性。这包括改善供水、供电、排水和垃圾处理等基础设施，提供良好的教育、医疗、文化和娱乐设施，以提升居民的生活品质。

保护和改善环境质量：在城市更新过程中，注重环境保护和生态恢复，增加绿地和公园空间，改善空气质量和水质，减少噪声和污染等负面影响。通过营造宜居的环境，提升居民的居住体验和生活质量。

二、生态化城市更新空间治理

生态化城市更新空间治理是指在城市更新过程中，通过综合运用生态学、城市规划和环境管理等相关理论和技术手段，促进城市发展与生态保护的协调发展，以实现城市空间的可持续发展和生态环境的改善。其核心内涵包括以下几个方面。

生态保护和恢复：生态化城市更新空间治理强调保护和恢复城市内的自然生态系统，包括湿地、森林、河流等自然资源的保护与修复，以提高城市生态系统的稳定性和韧性。

环境可持续性：生态化城市更新空间治理追求城市环境的可持续性，通过优化城市布局、改善建筑设计、提高能源利用效率等手段，减少城市生态环境的负荷，促进资源的有效利用和环境的改善。

空间整合和多功能性：生态化城市更新空间治理强调将城市的不同空间功能整合在一起，以提高土地的利用效率和城市功能的多样性。例如，将绿地、公园和景观设计纳入城市规划，为居民提供休闲娱乐场所，同时增加城市的生态功能。

参与和治理创新：生态化城市更新空间治理注重公众参与和治理创新，通过引入居民、企业和社区等利益相关方的参与，促进城市更新的透明度、公正性和可持续性。

在实践中，生态化城市更新空间治理可以通过以下方式得以体现：

绿色基础设施建设：生态化城市更新强调在城市规划和建设中充分考虑绿色基础设施的建设。例如，在城市更新中增加湿地和湖泊，不仅可以提供生态系统服务，如雨水滞留和水质净化，还可以增加城市景观价值和居民的休闲空间。此外，生态走廊的建设也是一种常见的绿色基础设施，它将城市内的绿地、公园、自然保护区等连接起来，提供生态连通性和生物多样性。

生态景观规划：生态化城市更新注重将景观设计与生态保护相结合。在城市更新过程中，可以通过合理规划和设计绿地、公园、广场等景观空间，增加城市的生态功能和可持续性。例如，引入自然湿地、人工湖泊和植被景观，不仅提供了生态服务，如水质净化和栖息地保护，还为居民提供了休闲娱乐的场所。

可持续交通规划：生态化城市更新强调可持续交通规划，促进步行、骑行和公共交通等低碳出行方式的发展。这有助于减少交通拥堵、空气污染和能源消耗，提高城市空气质量和居民生活质量。

城市水资源管理：生态化城市更新着重关注城市水资源的管理和保护。这包括雨水收集与利用系统的建设，通过收集和处理雨水供应城市景观绿化、公园灌溉等非饮用水需求，减轻城市对传统供水系统的压力。此外，也可以采用湿地自然过滤系统来净化废水，提高水资源的可持续利用。

社区参与和治理：生态化城市更新强调社区居民的参与和治理创新。通过建立社区合作组织、举办公众参与活动等方式，鼓励居民参与城市更新的决策和实施过程，增加居民对城市环境的关注和责任感。

三、数字化城市更新空间治理

数字化城市更新空间治理是运用信息技术、大数据、人工智能等先进技术手段，以提高城市更新空间治理的效率和质量。其应用如下：

第一，城市更新空间治理可以提高城市更新规划和设计的精确度。通过建立数字城市模型和地理信息系统，可以对城市现状进行精确的数据采集和分析。这包括地形地貌、土地利用、交通网络、人口分布等方面的数据。利用大数据分析和人工智能技术，可以预测城市发展趋势、评估不同规划方案的效果，并为城市更新提供科学依据。数字化的城市模型还可以实现虚拟现实和增强现实技术的应用，让决策者和居民更直观地感知和参与城市更新的过程。

第二，数字化城市更新空间治理实现了城市更新过程的智能监控和管理。通过传感器、监测设备和物联网技术，可以实时采集和监测城市更新中的各项指标，如交通流量、能源消耗、环境污染等。利用大数据分析和人工智能算法，可以对数据进行实时处理和预测，提供决策支持和问题识别。这使得城市更新的执行过程更加高效和可控，能够及时调整和优化城市更新策略。

第三，数字化城市更新空间治理促进了城市更新项目的公共参与和透明度。通过数字化平台和移动应用程序，政府和相关机构可以将城市更新的信息和决策公开化，并提供居民参与的渠道。居民可以通过在线投票、参与讨论、提出建议等方式参与决策过程。此外，数字化平台还可以提供城市更新项目的实时数据和进展情况，让居民了解项目的具体内容和影响。这样的公共参与和透明度有助于建立信任和共识，减少冲突和争议。

第四，数字化城市更新空间治理还涉及智能交通管理、智慧能源系统、智能建筑和智能安全监控等方面的应用。通过数据分析和智能控制，可以优化交通流量、提高能源利用效率，改善建筑的环境和舒适性，提升城市更新项目的整体品质和可持续性。

四、人本化、生态化、数字化城市更新空间治理的协同发展

随着城市化进程的不断推进和社会发展的日益多元化，城市更新空间治理正面临着重大的挑战。人本化、生态化、数字化城市更新空间治理作为新兴的发展模式，旨在实现城市更新的高质量、可持续发展。在这一背景下，协同发展成为人本化、生态化、数字化城市更新空间治理

的重要指导原则。

（一）协同发展的理念与目标

人本化、生态化、数字化城市更新空间治理的协同发展，其理念是指在城市更新过程中，充分发挥人文关怀、生态保护和科技创新三个方面的优势，实现城市更新空间治理的高效、和谐、可持续发展。协同发展的目标体现在以下几个方面，如图 6–8 所示。

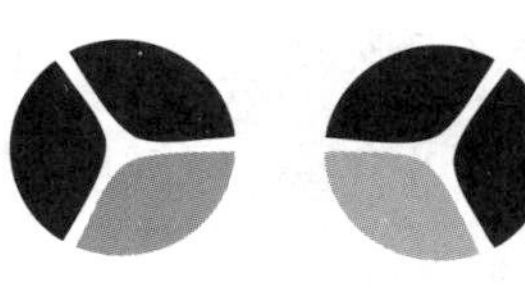

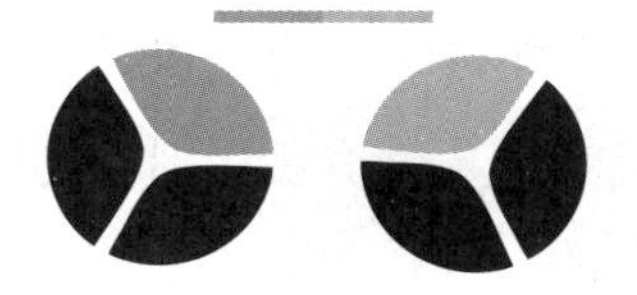

图 6–8　协同发展的目标

1. 实现人本化、生态化和数字化的有机结合

人本化是以人的需求和利益为出发点和归宿，使政策制定更加具有针对性和操作性。通过广泛调研和民意征集，可以更准确地了解居民的需求和关切，从而制定出更符合实际的政策措施。加强与居民的沟通和参与，能够提高政策的执行效果和社会认可度。生态化是在城市发展过程中坚持绿色、低碳、循环、可持续的原则，能够提升城市服务的覆盖度和满意度。通过构建绿色基础设施和改善生态环境，可以提供更优质的公共服务，如更清洁的空气、更高效的交通和更便捷的社区设施等。这将提升居民的生活质量和满意度，并吸引更多人选择在这样的城市生活和工作。而数字化则是运用现代信息技术，从而使城市管理部门可以实时收集、分析和利用大量数据，对城市运行进行精确监测和预测，及时做出调整和决策。这使得城市治理能够更好地应对各种挑战和突发事

件，提高应急响应能力，为居民提供更安全、便捷和高效的服务。这三者需要相互补充，共同推动城市更新空间治理的高质量发展。

2. 提升城市治理的效能

通过人本化、生态化和数字化的协同发展，可以提升城市治理的效能，通过制定针对性和操作性强的政策，提升城市服务的覆盖度和满意度，以及增强城市治理的适应性和前瞻性，城市治理可以更加有效地满足居民的需求，提供更优质的公共服务，同时提升城市的韧性和可持续发展能力。这将推动城市空间治理向着高质量发展的目标迈进。

3. 塑造和谐、宜居的城市环境

人本化的城市空间治理将人们的需求和利益放在首位，注重合理规划和优化城市的空间布局。这包括合理划定不同功能区域，提供多样化的住房选择，建设便捷的交通网络，布局公共设施和文化休闲场所等。通过合理的空间布局，可以缓解城市拥堵问题，提升居民的生活便利性和舒适度。

通过生态化的城市空间治理，注重绿色、低碳和可持续发展，可以优化公共设施的分布。这包括完善公共交通系统，建设便捷的公共服务设施，如学校、医院、公园和文化中心等。合理分布公共设施可以提高居民的生活质量和便利度，使居民在生活中更加便捷地获得各类服务和资源。

数字化的城市空间治理可以提升城市的智能化和精细化程度，提供便捷的数字化服务和智慧城市解决方案。这将增强城市的吸引力，吸引更多的居民、企业和投资者。同时，数字化的城市治理还能够提升城市的竞争力，为创新和创业提供更有利的环境，促进经济发展和社会进步。

4. 促进社会公平和包容

人本化、生态化和数字化的协同发展可以进一步促进社会公平和包容。通过减少城市发展中的社会不平等，提升公众的参与度和影响力，以及保障各类人群的权益和福祉，城市空间治理可以推动社会的公正与包容，实现社会的可持续发展。这将构建更加和谐、平等和包容的城市社会，提升居民的生活质量和幸福感。

（二）协同发展的原则与策略

1. 协同发展的原则

实现人本化、生态化、数字化城市更新空间治理的协同发展，需要遵循以下原则，并以此制定相应的策略。

（1）人民为本原则。所有城市更新空间治理的工作都应以满足人民的需求和提升人民的生活质量为出发点和落脚点。这就需要我们在制定和执行政策时充分听取公众的声音，尊重公众的意愿，保护公众的权益，并通过公众参与等方式提高政策的公信力和接受度。

（2）可持续发展原则。在城市更新空间治理过程中，我们应坚持绿色、低碳、循环、可持续的原则，以实现经济、社会、环境的全面协调发展。这就需要我们在制定和执行政策时注意资源的高效利用，保护环境的完整性，推动产业的绿色转型，以及培育可持续的生活方式。

（3）科技驱动原则。现代信息技术是推动城市更新空间治理协同发展的重要工具。我们应运用大数据、云计算、人工智能等技术，提升城市治理的智能化和精细化程度，以实现城市治理的高效、透明和公正。这就需要我们在制定和执行政策时借助科技手段，提高数据的采集、处理和应用能力，以及增强政策的针对性和操作性。

2. 协同发展的策略

为了更好地实施协同发展，我们需要制定一系列具体、实施性强的策略。以下是一些可能的策略建议：

（1）制定全面的城市更新规划。规划应充分考虑城市的特色和需求，以及人本化、生态化、数字化的要求，提出具体、可行的城市更新目标和路径。同时，规划的制定应充分听取各方意见，尤其是公众的意见，以确保规划的公正性和公信力。

（2）加强城市基础设施建设。基础设施是城市更新的重要基础，我们需要加强基础设施建设，特别是公共服务设施和绿色基础设施的建设，以提升城市的宜居性和可持续性。除此之外，我们也需要利用数字化技术，提高基础设施的智能化和精细化程度。

（3）推动城市绿色转型。我们需要通过政策引导和市场机制，推动城市的绿色转型，如发展绿色产业、推广绿色技术、提升绿色生活方式等，以实现城市的可持续发展。

（4）利用科技提升城市治理能力。我们需要利用大数据、云计算、人工智能等科技手段，提升城市治理的数据采集、处理和应用能力，以提高城市治理的智能化和精细化程度。此外，我们也需要利用科技手段，提高公众参与的便利性和有效性。

（5）保障和推动公众参与。公众是城市更新的主体和受益者，我们需要通过各种方式，保障和推动公众的参与，如公开透明的政策制定和执行过程、方便有效的公众参与渠道、公正公开的决策结果反馈等，以提升公众的满意度和信任度。

第六章　建议与思考

第一节　城市治理理念下城市更新的演进历程

随着我国城镇化发展进入中后期，存量提升逐步代替大规模增量发展，成为我国城市空间发展的主要形式。[①] 自中华人民共和国成立以来，我国在城市更新方面取得了显著的进步。在制定政策、构建规划体系和完善执行机制等方面，我们已经取得了巨大的成功。这些努力推动了我国城市产业的升级转型，改善了社会民生，提升了空间品质，优化了功能结构。

然而，由于不同时期我国城市的发展目标、面临的问题、更新的动力和制度环境有所不同，城市更新的利益分配机制和实施路径也在不断地演变和完善。因此，不同阶段的城市更新呈现出不同的治理模式，具有各自的特征。如表 7–1 所示。

表 7–1　不同治理模式的特征

阶段	第一阶段 1949—1989	第二阶段 1990—2009	第三阶段 2010—今
治理目标	解决最基本的民生问题	城市经济快速发展	以人为核心的高质量发展
治理模式	一元治理 （政府主导）	二元治理 （政企合作）	多元共治 （多方参与）
更新重点	以危房改造、棚户区改造、道路环境整治为主	以大规模居住区改造、城中村改造、老旧工业区改造和历史地段旅游产业化为主	以老旧小区改造、低效工业用地盘活、历史地区保护活化、城中村改造、城市修补为主
突出问题	管理体制不完善，忽视社会和市场力量	着重经济利益，权利主体利益保障不力	社会公众的公共利益保障力度仍不足

① 阳建强，陈月 .1949—2019年中国城市更新的发展与回顾 [J].城市规划，2020(2):9-19，31.

一、第一阶段（1949—1989年）：政府主导下一元治理的城市更新

（一）背景

中华人民共和国成立初期，我国整体经济水平低，城市居民聚居区建设水平不高，基础设施滞后。为了促进城市建设和经济发展，1953年中央政府提出了第一个五年计划，主要方向是将城市建设由消费城市转变为生产城市，以服务生产和劳动人民为主要目标。

在这一阶段，城市建设资金主要用于发展生产和新工业区的建设，对旧城采取了“充分利用，逐步改造”的政策。旧城改造主要集中在棚户区和危房简屋的改造上，例如北京龙须沟、上海肇嘉浜棚户区和南京内秦淮河的整治等。

随着改革开放的推进，国民经济逐渐复苏，城市建设的速度大大加快，城市更新也成为当时城市建设的重要组成部分。由于旧城区建筑质量和环境质量低下，无法满足城市经济发展和居民生活水平提高的需求，“全面规划、分批改造”成为这一阶段旧城改造的重要特征。旧城改造的重点转向了改善生活设施、解决城市职工住房问题，并开始重视住宅建设。

（二）治理特征

该阶段的治理目标是解决国民最基本的民生问题。城市更新的模式主要采用的是政府主导的一元治理模式。在这一阶段，城市更新的治理机制还不成熟，政府财政资金有限，改造工作大多是由政府通过自上而下的强制性政令安排推动。然而，由于管理体制不完善，社会和市场的力量被忽视，各利益主体的意愿得不到充分重视，产权保护观念淡薄。这导致建设项目存在各自为政、标准偏低、配套不全、侵占绿地、破坏历史文化建筑等问题。

（三）相关政策

1978 年，十一届三中全会的召开，提出对国家的经济体制进行改革，社会经济环境的转变为城市发展创造了良好的契机。在 1984 年颁布的《城市规划条例》中，明确指出旧城区的改建应遵循加强维护、合理利用、适当调整、逐步改造的原则。随后，1989 年实施的《中华人民共和国城市规划法》进一步详细阐述了统一规划、分期实施，并逐步改善居住和交通条件，加强基础设施和公共设施建设，提高城市综合功能的要求，具有重要的指导意义。

在地方层面，各地也制定了一系列城市总体规划来指导旧城区的建设。例如，上海市在 1963 年的“三五”计划中提出了改善风貌、拆迁、加层等地段建设控制导向，以及改善道路和扩建市政基础设施的工作重点。1980 年，上海市政府提出了“住宅建设与城市建设相结合、新区建设与旧城改造相结合、新建住宅与改造修缮旧房相结合”的号召，通过新建和改造相结合的方式，进行了为期 20 年的大规模住房改善活动。广州市政府在 1982 年的《广州市城市总体规划》中提出共同推动新居住区的建设与旧城居住区改造，改善旧城居住环境。北京市在 1983 年的《北京城市建设总体规划方案》中强调了严控城市发展规模，并加强对城市环境绿化、历史文化名城保护的认识。

（四）具体地方实践

在 20 世纪 80 年代的住房机制改革后，中国的城市更新工作逐渐展开。

（1）北京市：实施了“危房改造”试点项目，重点改造了菊儿胡同、小后仓、西四北八条街区等地。以院落为单位进行小规模的拆除重建，针对建筑质量差、配套设施老旧、存在消防隐患、急需修整的危险房屋。

（2）南京市：将城市更新重点转向以政府投资为主的城市基础设施

和住宅建设。加快城市环境治理，使商业街市得到复兴，城市环境和商业街区焕然一新。

（3）苏州市：提出维持旧城原有风貌和肌理的目标，实施古城区的持续性改造。通过有计划、有步骤地进行改造，以满足现代化生活的需求。

二、第二阶段（1990—2009年）：政企合作下二元治理的城市更新

（一）背景

1990—2009年，我国城市发展处于总体增量开发、局部存量发展的阶段。在20世纪90年代初期，随着市场经济体制的建立和改革开放的推进，我国城市经济实力不断增强，土地有偿使用和住房商品化改革为过去进展缓慢的旧城更新提供了强大的动力，释放了土地市场的巨大能量和潜力。

随着城镇化进程的加速，我国一些特大城市在城市建设和扩张过程中最先面临土地资源紧缺和已建设用地利用低效等问题。这迫使地方政府开始逐步探索城市更新机制，以突破土地供应瓶颈，促进土地集约利用。

在这一背景下，地方政府与市场主体展开了政企合作，通过多种市场化手段推动城市更新。这种二元治理的城市更新模式涉及城中村改造、旧工业区改造、历史文化街区改造等重点项目。政府与市场主体合作，共同参与城市更新项目的规划、开发和运营，共享风险和利益。

（二）治理特征

该阶段我国城市更新的治理目标主要为推动城市经济的快速发展。

拓宽融资渠道：政企合作模式有助于拓宽融资渠道，吸引更多的社

会资本进入城市更新项目，如城中村改造、商业区改造和历史文化街区更新等。通过吸引社会资本的投入，有效缓解了政府的财政压力。

投资主体多元：政企合作模式使得投资主体多元化，可以合理分担成本，降低了政府独自承担投资风险的压力。不同的投资主体根据不同的更新模式和收益预期参与项目，包括政府、社会资本和开发商等。

"政府引导，市场运作"和"政府主导，市场参与"两大类型：根据不同的影响因素和更新模式的特点，政企合作模式可分为"政府引导，市场运作"和"政府主导，市场参与"两种类型。市场化运作手段如 PPP（政府与社会资本合作）、BOT（建设—经营—转让）和 PUO（政府与开发商合作）等被广泛采用。

政策支持与社会资本运作结合：政府的政策支持与社会资本的运作相结合，极大地提高了城市更新的发展速度。政府在政策引导和监管方面发挥重要作用，而社会资本的参与则带来了更多的资源和技术支持。

然而，这种模式也存在一些问题。对经济利益的过度追求可能导致政府与开发商形成"行政权力与资本的利益增长联盟"，导致增值利益分配不均衡，对权利主体和公共利益的保障不足。因此，在政企合作下的城市更新中，需要加强监管和制度建设，确保公平合理的利益分配，保护权利主体和公共利益的权益。同时，要注意政府与市场主体之间的平衡，确保市场运作的公平性和透明度。

（三）相关政策

20 世纪 90 年代初期，中央和省级政府陆续出台了一系列相关政策，推动了市场经济下的城市更新，以下是对该阶段相关政策的整理。

1. 中央政策

《中华人民共和国城镇国有土地使用权出让和转让暂行条例》：规范了城市土地使用权的出让和转让制度。

《国务院关于深化城镇住房制度改革的决定》：推动城镇住房制度改革，加强住房市场的调控。

《中华人民共和国招投标法》：规范了城市建设项目的招投标程序和管理。

《国务院关于深化改革严格土地管理的决定》：加强土地管理，推动土地利用的科学化和规范化。

《中华人民共和国城市房地产管理法》：强化对城市房地产市场的管理和监督。

2. 省级政策

江苏省：发布了《江苏省人民政府关于切实加强土地集约利用工作的通知》，推动土地集约高效利用，完善土地要素市场。

辽宁省：发布了《辽宁省人民政府关于深化改革土地管理的实施意见》，推动土地管理改革。

广东省：发布了《广东省人民政府关于推进“三旧”改造促进节约集约用地的若干意见》，促进旧区改造和节约用地。

深圳市：《深圳市城中村（旧村）改造暂行办法》：规范城中村改造目标、方法和优惠政策。《深圳市人民政府关于工业区升级改造的若干意见》和《深圳市人民政府办公厅关于推进我市工业区升级改造试点项目的意见》：推动旧工业区转型升级。《深圳市城市更新办法》：是我国第一个城市更新的政府规定，明确以政府引导、市场运作的方式进行城市更新。

广州市：

《中共广州市委办公厅广州市人民政府办公厅关于“城中村”改制工作的若干意见》：推进城中村改造工作。《关于推进“城中村”整治改造的实施意见》和《关于广州市区产业“退二进三”工作实施意见》：加快推进广州市的城市更新工作，包括城中村改造和产业升级。

这些政策的出台为城市更新提供了政策支持和指导，推动了市场经济推动下的城市更新。中央政策主要围绕土地使用权、住房制度、招投标、土地管理和房地产市场进行规范和改革。省级政策强调土地集约利用、土地管理改革和节约集约用地。而深圳市和广州市则分别发布了针对城中村改造、工业区升级改造和城市更新的具体政策和办法。它们鼓励土地的集约利用、改善住房制度、促进土地市场的规范运作，并强调政府引导下的市场运作模式。此外，政策还重点关注了城中村改造、工业区升级改造和旧区更新等特定领域的城市更新工作。其为城市更新中起到了重要的推动作用。它们为城市更新提供了政策依据和操作规范，引导了政府和市场主体的合作，促进了城市更新的推进。然而，也需要关注政策执行的效果和问题，确保政策的落地和实施能够真正实现城市更新的目标，保障公众利益和可持续发展。

（四）地方实践

在政企合作的二元治理模式的推动下，深圳市、上海市、广州市等地的旧城改造规模不断扩大，项目数量持续增加。

1. 深圳市罗湖蔡屋围更新项目

该项目是由罗湖区政府与开发商合作进行的。通过整合空间、产业、社会和文化资源，将蔡屋围地区打造成一个集金融、商业和文化为一体的国际消费中心。

2. 深圳市蛇口工业园区改造项目

该项目通过商业化运作，引入商业、住宅和创意产业等，实现了工业区向综合性城区的转变。

3. 上海市思南公馆历史风貌更新项目

该项目由政府指导，国有企业投资持股，社会资本参与，并进行市场化运营管理。更新后的思南公馆历史片区成为一个集酒店、办公、商业和居住等多功能于一体的高品质综合社区。

4. 上海市新天地改造项目

这个项目在历史城区更新计划中创新地实践了政府主导和市场化运作的模式。该项目保留了石库门建筑的外观，将原有的居住功能转换为餐饮、娱乐和购物等商业功能。

该具体实践表明政企合作在城市更新中的运作方式，政府与市场主体合作，共同参与项目的规划、投资和运营。这种模式促进了旧城区的改造与更新，推动了城市功能的转型和提升。然而，需要注意的是，在推动城市更新的过程中，要保持平衡，注重公共利益和权益的保护，确保更新项目的可持续发展和社会效益。

三、第三阶段（2010 年至今）：多方协同下多元共治的城市更新

（一）背景

我国城市发展正处于由粗放化、外延式增量发展转向精细化、内涵式存量提升发展的阶段。随着城镇化率的不断提高，过去以市场驱动、追求增值收益为特征的城市更新模式已经无法有效解决当前我国面临的众多城市问题。因此，城市更新行动的重要目标转向了保障民生、改善人居环境和强调社会治理。

在此背景下，中国共产党第十九届五中全会通过了《中共中央关于制定国民经济和社会发展第十四个五年规划和二〇三五年远景目标的建议》，明确提出了实施城市更新行动。这是党中央对进一步提升城市发展质量的重大决策部署。

在现阶段，城市更新注重城市的内涵发展，强调以人为本，重视改善人居环境和提升城市活力。城市更新的多元共治成为主要特征，即政

府、市场、社会各方参与共同治理城市更新事务。城市更新的多元共治意味着政府、市场和社会各利益主体之间的协作与合作。政府在制定规划、政策和法规方面发挥引导和监管作用，市场主体通过投资和运营参与城市更新项目，社会各界积极参与，发挥监督和参与的作用。

（二）治理特征

该阶段的城市更新治理目标在于促进以人为核心的高质量发展。这一阶段的城市更新主要采用多方协同下的多元治理模式。通过建立由政府、专家、投资者、市民等多元主体共同构成的行动决策体系，利用“正式”与“非正式”的治理工具来应对复杂的城市更新系统。政府在整个过程中起到统筹作用，运用容积率奖励、产权变更、功能区兼容混合和财政奖补等手段，平衡政府、开发商和居民之间的利益分配。

各地相继出台了一系列文件和规定，以支持城市更新的实施。例如，深圳市制定了《城市更新单元规划容积率审查规定》，上海市发布了《城市更新规划土地实施细则》，济南市制定了《既有住宅增设电梯财政补助资金实施细则》等。这些文件和规定旨在提供政策和制度支持，以确保城市更新活动的顺利进行。

此外，各类社会主体也积极参与城市更新活动，通过成立工作坊、自治会、社会调查、设立基金等方式，参与社区营造、历史遗产保护活化、公共空间设施更新等与民生和公共利益相关的城市更新项目。

目前自下而上的多元协商机制仍处在探索阶段，缺乏充分的政策和制度支持和保障，导致公共利益的保障力度不足。需要进一步加强政策制定和规范，建立健全的法律法规体系，以确保各利益主体在城市更新过程中的合法权益得到保护。此外，还需要加强社会参与机制的建设，鼓励市民积极参与城市更新决策和监督，确保公众的利益得到充分考虑和保障。

（三）相关政策

在2014年至2020年期间，中央和地方政府相继出台了一系列旨在推动城市更新的政策文件和指导意见。

2014年国务院发布的《关于加快棚户区改造工作的意见》明确要求按照改造更新与保护修复并重的原则，健全旧城镇改造机制，优化提升旧城功能，加快城区老工业区的搬迁改造。这为城市更新提供了指导。

《中共中央关于制定国民经济和社会发展第十四个五年规划和二〇三五年远景目标的建议》强调了实施城市更新行动。这进一步明确了城市更新的重要性和紧迫性。针对棚户区改造、低效用地再开发、城市修补和老旧小区改造等方面，国家也相继发布了一系列专项政策文件。例如，《国务院关于深入推进城镇低效用地再开发的指导意见》《住房城乡建设部关于加强生态修复城市修补工作的指导意见》《国务院办公厅关于全面推进城镇老旧小区改造工作的指导意见》等。这些政策文件为城市更新提供了法律依据和操作指导。

各省政府也根据自身实际情况，发布了一系列规范性文件和指导意见，进一步完善城市更新的治理制度。例如，广东省人民政府出台了《广东省人民政府关于推进"三旧"改造促进节约集约用地的若干意见》《广东省旧城镇旧厂房旧村庄改造管理办法》《广东省人民政府办公厅关于全面推进城镇老旧小区改造工作的实施意见》等文件。

（四）地方实践

目前，我国的城市更新项目（表7–2）在北上广深等一线城市尤为活跃，这些城市由于起步时间早、发展速度快、土地资源紧缺等因素，对城市更新的需求更为迫切。在这些城市，多元主体参与城市更新的实践探索不断进行。

以上海市陆家嘴社区的环梅园公园整体改造项目为例，该项目由陆家嘴社区公益基金会组织召开概念方案发布会，政府、居民、设计师、专家共同协商讨论，充分发挥了各方的智慧和经验。

北京市劲松社区改造项目则通过社区党委的带领，建立了“居委会—小区—楼门”的治理网络，向群众征集需求和改造意见。该项目通过市场化方式引入约 3 亿社会资本，企业从设计规划、施工到后期物业管理，全程参与老旧小区的微改造。

深圳市水围村城市更新项目由福田区住房和建设局牵头，通过与深业集团有限公司合作，统一向深圳市水围实业股份有限公司承租村民楼，结合青年人才需求，量身定制改造和运营方案，改造后出租给福田区政府作为人才公寓使用。

深圳市南山区大冲村旧改项目历经 12 年的努力，在 2010 年达成签约率达 97.1% 的突破性进展。该项目实现了政府、市场主体和村民等各主体之间的利益平衡，为城市更新的成功实施提供了有益经验。

广州市永庆坊更新项目通过把握社会公众的多元诉求，实现了“市—区—社区”三级联动，各阶段共同参与方案编制和实施阶段等工作，营造了共建共治共享的历史文化街区。

这些城市更新项目的实践表明，多元主体的参与能够充分发挥各方的优势和资源，达成共识，平衡各方利益，并为城市更新的成功实施提供了重要支持。这种多元共治的模式有助于解决城市更新中的各种挑战和问题，推动城市更新向着更加可持续和人性化的方向发展，如表 7–2 所示。

表 7-2　城市更新项目

项目名称	更新类型	治理模式
上海市环梅园公园整体改造	旧区改造	邀请居民、设计师、专家、政府共同协商
北京市劲松社区改造	旧区改造	向群众征集改造意见，并引入社会资本全流程参与老旧小区改造
深圳市水围村城市更新	旧村改造	政府统筹、企业参与、村集体共同改造
深圳市南山区大冲村改造	旧村改造	实现政府、企业和村集体的利益平衡
广州市永庆坊更新	历史文化保护活化	多方参与主体成立委员会

第二节　完善空间治理体系的重点任务与政策建议

一、空间治理体系的基本成效

21 世纪以来，随着区域发展的总体战略的深入实施，我国加强了对空间发展的战略指引，城镇空间、农业空间、生态空间重塑和重组的进程明显加快，空间发展呈现新变化，其具体成效如图 7-1 所示。

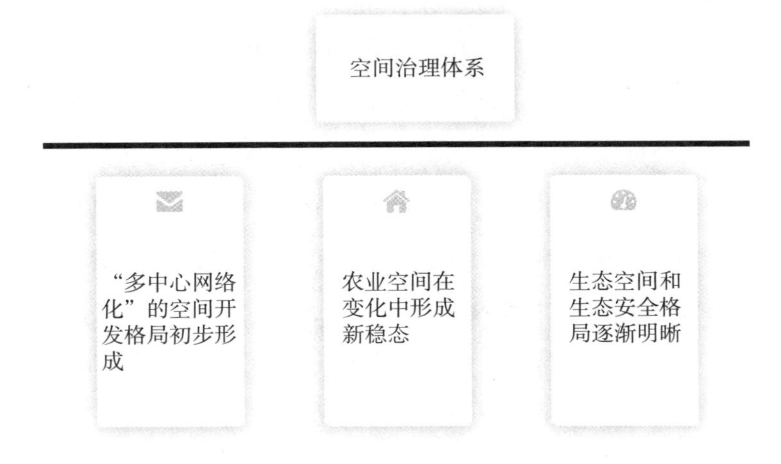

图 7-1 空间治理体系

（一）"多中心网络化"的空间开发格局初步形成

自我国经济进入新常态以来，东部地区经济增长的主导地位逐渐减弱，而中西部地区的经济增长逐步加速。一些城市如重庆、成都、武汉、郑州、长沙、呼和浩特、南昌和合肥等，其中心性指数持续上升，成为全国经济发展的重要支撑点。这表明我国的城市发展正朝着多中心的方向发展，并逐渐形成多中心城市支撑全国经济的格局。

传统的经济引擎区域如京津冀、长三角和珠三角等地仍然保持着强劲的发展势头。这些地区以及山东半岛、海峡西岸等城市群的辐射带动能力不断增强，形成了东部地区的发展支撑体系。另外，东北地区的哈长城市群、辽中南城市群，以及中西部地区的长江中游城市群、成渝城市群、北部湾城市群、中原城市群和关中城市群等地区的集聚发展水平也稳步提升。因此，我国的经济版图已经从依靠传统的长三角、珠三角和京津冀三大城市群转变为多极支撑、竞相发展的模式。

在城市发展方面，我国依托重要的交通干线，以"两横三纵"开发轴带为主体，包括珠江—西江、京津冀、沪昆等经济带作为补充，初步形成了东中西部的统筹发展、南北方的协调发展的“网络化”格局。这种格局促进了不同地区之间的联系和互动，推动了资源要素的优化配置和经济的协同发展。

这一多中心网络化的空间开发格局的形成，有助于实现全国范围内的均衡发展和资源优化配置。同时，它也为城市更新提供了更广阔的发展机遇和挑战。各个城市在这个网络化的格局中可以发挥各自的优势，互相协作合作，共同推动城市更新的进程。这将促进城市的可持续发展、提升居民的生活质量，并推动全国经济的协调发展。

（二）农业空间在变化中形成新稳态

在党的十七大提出建设生态文明以后，我国农业空间发生了重要的变化，形成了新的稳态。根据党中央和国务院的要求，我国农业发展开始着重优化结构、增加收入，注重农产品优势区域布局和特色农业的发展。这一导向使得我国农业生产力的布局发生了调整。

粮食生产逐渐向中部地区集中。从 2008 年开始，我国逐步实施“北粮南运”战略，将粮食生产重心向中部地区转移。这一战略的实施带来了农业生产力的优化和提升，中部地区成为粮食生产的重要区域，实现了农产品供给的稳定和保障。

其次，全国农业可持续发展规划的出台进一步推动了农业空间的调整。2015 年，《全国农业可持续发展规划（2015—2030 年）》，将全国划分为优化发展区、适度发展区和保护发展区三大区域，并提出了“因地制宜、梯次推进、分类施策”的发展方向。这一规划的实施使得农业发展更加注重区域特点和可持续性，推动农业空间的布局更加合理和科学。

这些调整和变化使得我国农业空间在发展中形成了新的稳态。农业生产力的优化和集中，以及可持续发展的导向，为农业提供了更好的发展机遇和保障。同时，这也为我国农业可持续发展和生态文明建设提供了坚实基础，推动农业空间的持续改善和创新。

（三）生态空间和生态安全格局逐渐明晰

随着《全国主体功能区规划》的提出，我国的生态空间和生态安全格局逐渐明晰。其中，以“两屏三带”为主体的国家禁止开发区是整个生态安全战略格局的重要组成部分。

生态功能区的划定使得生态空间得到了明确的界定。全国生态安全战略格局中包括了 25 个重点生态功能区，涵盖了约 386 万平方千米的面积，占据了全国陆地国土面积的 40.2%。这些生态功能区的划定考虑了地理、生态、气候等因素，旨在保护和修复生态环境，维护生态系统的健康。

这些重点生态功能区主要分布在中西部地区。除了大小兴安岭森林生态功能区、长白山森林生态功能区和海南岛中部山区热带雨林生态功能区外，其余 22 个重点生态功能区都分布在中西部地区。这反映了中西部地区生态环境的脆弱性和保护的重要性，也体现了生态空间规划的区域差异性。

通过划定生态功能区和国家禁止开发区，我国的生态空间和生态安全格局逐渐明晰起来。这一格局的建立有助于保护和修复生态环境，保障生态系统的稳定运行，为经济社会发展提供了良好的生态基础。同时，明晰的生态空间规划也为生态保护与经济发展的协调发展提供了指导和保障，推动形成人与自然和谐共生的现代化发展模式。

二、重点任务

问题只是冰山一角，真正的关键在于其背后的原因。为了解决这些问题，我们需要以改革和完善自然资源产权和管理制度为前提。在这个前提下，我们可以构建一个全面的国土空间规划体系，用以作为我们的基础。此外，我们还需要通过实施严格的用途管制来作为我们的策略，并通过推动差异化的绩效考核来作为我们的具体行动。我们应该遵循从易到难，循序渐进的策略，以不断完善和强化空间治理体系，如图 7-2 所示。

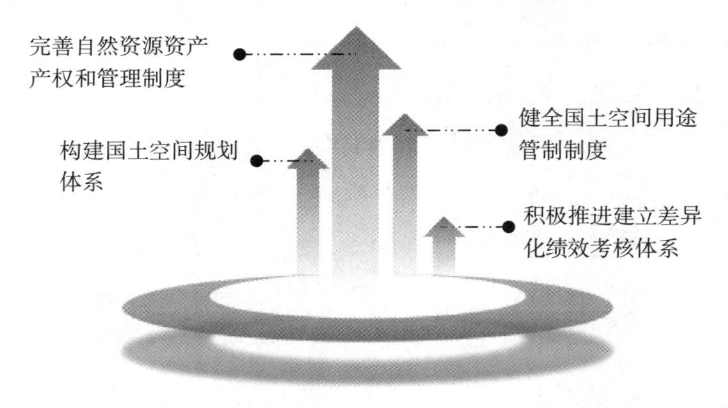

图 7-2　完善空间治理体系的重点任务

（一）完善自然资源资产产权和管理制度

建立和完善以“两权分离”为主导的产权体系。坚持自然资源资产的公有性质，并清晰地区分自然资源资产所有者的权利和管理者的权利，以便建立一个多元化的所有权体系。明确自然资源资产所有权的代理主体，将产权主体具体化到特定的政府和部门，以解决产权主体虚置的问题。通过合理的产权安排，合理地分配中央和地方政府的权力，平衡中央与地方之间的利益。创新实现自然资源资产全民所有权和集体所有权的形式，除了对重要的生态功能资源资产，推动所有权和使用权的分离。国有农场、林场和牧场的土地所有权和使用权也需要明确。

建立统一的确权登记体系。坚持资源公有、物权法定和统一确权登记的原则，健全自然资源确权登记体系，明确全民所有和集体所有之间的边界，明确全民所有、不同层级政府行使所有权的边界，明确不同集体所有者的边界。制定分级分类（简称“两分”）的权利清单，详细定义中央政府与地方政府以及地方政府之间的权责利关系，明确不同类型自然资源的主体责任、权力和利益。

此外完善市场化的自然资源资产产权交易制度。除了公益性的自然资源资产必须由国家权力定价外，其他的自然资源资产应根据市场机制调节价格，形成完善的定价系统。建立和完善公共资源产品的价格政策和有偿使用制度，建立统一公开的信息平台，保证自然资源资产产权能自由交易。

最后，建立以监管分离为核心的管理体制。完善中央与地方政府间的职责分工体系，明确中央和地方政府在自然资源资产管理中的职能和权责，构建一个边界清晰、权责明确、上下互动、形成合力的自然资源资产管理体制。

（二）构建国土空间规划体系

以“六统一”为抓手，促使空间规划基础作用得到巩固。对空间规划试点经验进行总结，基于统一归口管理、统一信息平台、统一编制规划、统一规划标准、统一基础资料、统一价值取向，以空间规划为龙头，从建立统一的城镇开发边界、永久基本农田红线以及生态保护红线着手，对各类空间性规划进行统筹，使得部门之间的制度壁垒与技术壁垒得以打破，对空间性规划重叠冲突问题进行重点解决。

以“三大体系”建设为抓手，使空间规划体系得以不断完善。本着“上位规划分工清晰，基层规划全面整合”的原则，对三大体系加以完善，包括规划运作习题、规划行政体系及规划法规体系。加速相关法律的立改废，使得国土空间开发保护制度得以不断完善。对地区、行业、部门之间的关系协调好，妥善处理彼此之间的关系，做好上下衔接，加强统筹协调。从横向来看，将各个空间性规划内容协调好，涉及土地利用总体规划、城乡规划、国土规划、主体功能区规划等，使其实现有机衔接。从纵向来看，加强上下级规划之间的有机衔接。

以“三区三线”为重要抓手，促使空间规划内容得到充实与丰富。通常来说，强化空间管制的重要前提和各级空间规划的重点是“三区三线”。具体来说，“三区”指的是对生态空间、农业空间、城镇空间的合理划定。“三线”指的是根据“三区”划定的生态保护红线、永久基本农田、城镇开发边界。基于“三区三线”空间分类，建立健全三级管控体系，具体包括一级的“三区”空间管控、二级的以“三区三线”六类分区管控、三级的以土地用途管控。对一系列空间用途管制衔接措施进行研究，诸如环境功能区划、城市总体规划以及“三区三线”等，一定程度上使得这些管制措施在空间上能够形成合力。依据空间结构的基本要素，使得基本公共服务的“空间均等”、立体交通网络的“空间鼓励”、生态、能源和粮食的“空间管制”等内容得以突显。

以“三大保障”为抓手，促使空间规划的实施得到保障。注重“规划共编、分工实施”原则，指定具体的职能部门作为规划的责任主体与实施主体，将规划的督查、实施与编制进行适度分离。综合各种先进技术手段，诸如运用航测、卫星遥感、数字影像等，对国土空间用途管制实施情况进行监管，提高其时效性。通过建立独立第三方评估机制与网络化的监督约束机制，使得分工明确、权责分明、相互监督的规划管控体系得以形成。将负面清单管理理念贯穿于国土空间规划体系的整个构建过程，将空间规划中确定的永久基本农田保护区、重点生态功能保护区等纳入规划负面清单管理，有针对性地进行相应管理规则与措施的制定。在实施主体功能区制度的过程中，使经济手段使用范围不断扩大，各利益相关方自觉践行规划的主动性被最大限度地调动起来。

（三）健全国土空间用途管制制度

对“生存线”“生态线”“保障线”进行科学设置，使各级政府权责与制度框架得以不断优化，对“三区三线”进行统筹管控，促使土地用途管制范围不断扩大，加快土地用途管制的转变，即由平面化管理转变为立体化管理，客观上使“指标 + 空间 + 清单”的管控工具组合不断完善。

促使纵向衔接、横向联动的土地用途管制体制得以构建。赋予自然资源管理部门一定的权利，具体涉及对各类空间利用矛盾进行协调、各类空间之间转化的统筹管理，由各专业管理部门负责与之相对应的内部具体管理事宜。本着收放结合的原则，国家统筹管理永久基本农田、生态保护红线范围内的自然生态空间，按照禁止开发区域进行严格管理与控制；省级政府负责管理永久基本农田外的农业空间以及生态保护红线外的生态空间，按照限制开发区域进行严格管理与控制。市县与城市主要负责管理城镇开发边界范围内的空间，按照空间规划的相关要求进行严格管理与控制。

对法律、经济、行政三种管控手段进行灵活运用。促使空间用途管理被赋予全新的含义，对于各类保护性要求与各方面的节约集约利用要求进行强化，实施全方位的多维管控。具体来说，其保护性要求包括水体、地形、植被等方面，其节约集约利用要求包括建设密度、投资强度、开发强度等方面。探索建立多种利益协调机制，具体包括国土空间开发许可证交易、生态补偿、财税转移支付等。坚持基本思路不动摇，有效运用各项政策，促使管理手段不断完善，基于“三区三线”，对各项政策进行细化，包括产业、投资、财政、土地等，促使空间政策最大限度地呈现出精益化、精细化、精准化的特点。

构建立体化的市县三级管控体系。促使三级管控体系得以建立与完善，三级管控体系具体包括一级的“三区”空间管控、二级的“三区三线”六类分区管控以及三级的土地用途管控。一级管控可以对开发强度上限进行确定，对各类空间管控要求加以明确，涉及生态空间、农业空间与城镇空间，并结合实际对生态廊道与基础设施廊道提出一定的管控要求。二级管控以负面清单为抓手，对“三区三线”空间的准入条件、程度与要求进行了明确。三级管控基于具体宗地，强化土地用途管制，具体涉及生态用地和农用地，对建筑用地总量进行控制，严格限制生态用地与农用地转为建设用地。

对“指标 + 空间 + 清单”的土地用途管制工具进行完善。促使指标管控范围不断扩大，将全部空间的保护底线纳入其中，使自上而下的各类指标控制体系得以简化，对预期性与约束性指标进行合理划分，促使科学的管控指标体系得以构建。以市县作为基本单位，实行“三区三线”分级管控，守住红线，严格保护永久基本农田和生态保护红线范围内的自然生态空间。针对生态红线外的生态空间，以重点生态功能区的负面清单为依据，提出一系列具体实施要求，涉及旅游休闲、农业生产、城乡建设等活动的生态环保、分布、强度与规模等方面。

（四）积极推进建立差异化绩效考核体系

促使“四位一体”的差异化绩效考核指标体系得以建立与完善。在推进体系建立的过程中，树立鲜明导向、突出工作重点、加强分类指导、注重坚持标准，以县（市、区）空间为单位，促使一套完整的绩效考核指标体系得以建立，具体包括生态文明建设、文化建设、社会发展与经济发展等内容。高度重视转型升级与提质增效，根据不同对象与实际情况，设定不同的指标权重，促使经济发展考核指标得以不断完善。将提高服务效能、完善服务体系与落实政府责任作为工作重点，使得文化发展考核指标得以建立，客观上将这种难以量化的考核内容，由“软任务”转变为“硬指标”。结合生态文明建设的总体要求，对生态文明建设考核指标加以完善，从而避免因追求经济发展而对生态环境进行破坏的行为发生。

促使分类考核评价机制得以建立，使之与空间主体功能相协调。

在建立分类考核机制的过程中，要求严格遵循指标相同，权重不同的原则，促使彰显特色、各有侧重的差异化考核评价制度得以设置，客观上使空间主体功能与绩效考核重点相协调。城镇空间具有自身独特的价值与意义，一定程度上使“转方式、调结构”的绩效考核得以突出，从本质上看，城镇空间是提升对外竞争力的主要区域，是城镇化的主战场。农业空间的绩效考核要突出“农业优先”的特点，其本质是农产品的主要生产区域，是促使“生存线”得以守住的关键。生态空间的绩效考核要突出“生态优先”的特点，其本质是生态产品的主要提供区域，是“生态线”得以守住的关键，要加强生态环境保护工作，对生态产品供应能力进行科学合理的评价。

促使激励相容的绩效考核配套体系得以建立。在对县（市）党政领导班子和领导干部进行综合考核评价，选拔任用与奖惩时，要求将差异化绩效考核结果作为重要依据，将考核结果应用的“奖惩并举”充分体现出来，使得负向惩戒与正向激烈相结合的机制得以建立。将国家重点生态功能区财政转移支付与生态空间差异化绩效考核结果相结合的机制建立起来，与此同时，为了实现生态领域各要素之间的良性互动，需要建立生态功能重要程度与生态补偿标准、国家生态空间与国家生态补偿区域和绩效考核成效挂钩的机制。要想借助一定的审计方法，以领导干部对自然资源资产影响进行客观公正的评价作为对象加以确认，并对其义务与责任的完成或履行情况加以确定，就要建立领导干部自然资源资产离任审计制度，客观上能够促使领导干部的决策水平与履行责任的能力得到提高。

三、完善空间治理体系的政策建议

基于大数据平台建设，通过打破空间治理的制度与技术壁垒，将体制机制创新作为工作重点，以技术协同为先导，将多元主体参与的主动性充分调动起来，形成合力，使得空间治理相关工作得以不断推进，空间治理体系得以不断完善，空间发展问题得以有效缓解，如图 7–3 所示。

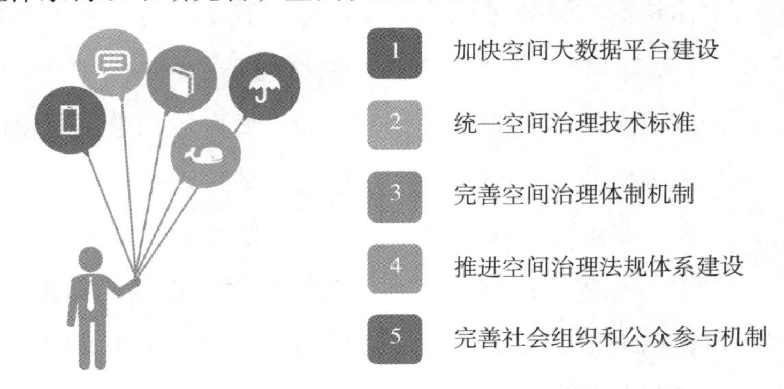

图 7–3　完善空间治理体系的政策建议

（一）加快空间大数据平台建设

大数据平台的搭建。基于自然资源管理部门地理国情普查数据与土地调查数据，对环保、住建、发改等部门的各类数据，包括社会经济、空间性规划、空间资源等进行整合，最大限度地利用各类地面监测站点与陆海观测卫星进行全天候监测，对空间变化情况加以充分掌握，使得空间治理大数据平台得以搭建，对空间治理精细化的基础加以夯实。

加强部门协作实现信息共享。从空间维度对不同部门的数据进行整合，使得行业与部门间的壁垒得以打破，来自不同渠道的数据信息得以融合，搭建空间数据信息管理平台，实现技术规范、空间坐标与基础数据实现统一衔接与共享，通过建立各地区与各部门的统一数据库，使得数据得以互联互通、共享共用。

强化大数据应用。基于投资项目在线审批监管平台，使得各级政府相互贯通，住建与发改等部门相互连通，使得监管、规范办理、透明办理、限时办理、网上办理与“一口式受理”的“一条龙”服务得以推进，客观上促使行政效能得到提高。通过空间规划公众信息服务系统的搭建，使各类规划实施信息能够及时准确地传递出去，从而提高公众的知情权。

（二）统一空间治理技术标准

促使技术标准对接得以不断推进。落实空间治理技术标准的相关要求，具体包括资源环境生态红线管控制度、主体功能区规划等，对一系列技术规程进行研究，诸如管理信息平台、土地分类标准、空间管控原则、“三区三线”划定及开发强度测算，对技术标准与基础数据进行统一。对《城市用地分类与规划建设用地标准》《土地利用现状分类》等进行系统整合，从而促使空间规划用岛、用海、用地分类标准得以形成。

积极探索开展“双评价”工作。对以主体功能区规划为基础的空间规划要求进行落实，积极开展国土空间开发适宜性与资源环境承载力“双评价”，基于评价的“短板效应”对三类空间进行科学划分，即生态空间、农业空间、城镇空间，对经济、人口、产业、城镇等在空间的合理布局加以引导，使得空间能够实现均衡发展。

强化开发强度的控制管理。为了使开发强度预测更加具有精准性与科学性，通过采用以产定和以人定等方式，使得产业空间、生态空间、农业空间、城镇空间的开发强度得以确定。通过开发强度指标确定可以对市县的空间规划发挥一定的约束作用，使建设用地总规模得到严格控制。通过在城乡之间实施土地增减挂钩政策，对城乡建设用地比例进行调控，从而使得城乡建设空间结构得到进一步优化。

对“区”“线”管控体系进行整合。从保障生态安全格局的视角出发，使得不同部门的各类“线”实现进一步整合，具体涉及部门有交通、发改、林业、住建、国土、环保等，这里的各类“线”分别指的是城镇开发边界控制线、永久基本农田控制线以及生态保护红线控制线，在此过程中要求对这“三条线”进行重点划定与严格管控。对各部门的各种“区”加大整合力度，涉及部门有环保、国土、住建、发改等，并对生态、农业、城镇三大类空间进行划定。

（三）完善空间治理体制机制

促使空间治理领导小组得以建立。该领导小组的主要工作内容是对空间规划和区域规划、空间规划和发展规划的关系进行协调，使得空间政策、投资政策、产业政策与区域政策得到有机衔接，促使各种政策与各类规划在空间上形成合力。一般情况下，自然资源管理部门是领导小组的下设办公室，主要负责与空间治理相关的日常工作。

对自然资源管理部门职能进行完善。自然资源管理部门除了负责编制空间规划、国土规划、城市总体规划、主体功能区规划之外，还担负着制定相关规划实施政策的职责，诸如城市总体规划中的“一书两证”、主体功能区中的生态补偿制度等，客观上促使自然资源管理部门的工具箱中的政策工具得以增加，为规划实施保驾护航。将生态保护红线的划定与管理职能也划归到自然资源管理部门，促使“三区三线”的统筹管理得以推进，空间用途管制得以更好地落实。尽快实施自然资源的统一登记、统计与调查，对各类自然资源权属关系进行明晰，使三标联动体系得以构建，其中“三标”指的是坐标、指标与目标，确保能够对具体地块用途与开发强度等做出实施性安排。在自然资源管理部门内部对国土空间规划体制机制进行构建，使得国土空间规划的编制、实施与监管之间既彼此独立又彼此协调。

促使空间治理学科建设得到协同发展。与其他传统学科相比，空间治理学科属于一门新兴学科，已有的土地科学、城市规划学、地理学等学科体系都无法将空间治理完全涵盖其中。要基于学会、高校、科研机构，对相关学科进行整合，对差异化绩效考核、空间用途管制、空间规划、自然资源产权等领域加强研究，从而为空间治理体系研究奠定良好的理论基础。

（四）推进空间治理法规体系建设

加快开展《国土空间用途管制法》与《国土空间规划法》的立法前期工作。对用途管制与规划的监督、评估、实施、论证、主体、程序、内容、地位与性质等内容进行明确，使得在空间治理体系中用途管制的核心地位，以及在规划体系中空间规划的核心地位得以确定，对政府规划行政事权加以理顺，对职能分工进行优化，促使衔接机制得以建立。与此同时，需要加快对空间治理配套法律法规的制定。

对相关法律法规进行完善。根据废、改、立的工作要求，对相关法律进行适时地修改与完善，诸如《中华人民共和国环境保护法》《中华人民共和国城乡规划法》《中华人民共和国土地管理法》等，客观上使国土空间开发保护制度得到进一步完善。

（五）完善社会组织和公众参与机制

对社会组织的积极参与给予鼓励。对各类社会团体的积极参与给予支持与鼓励，包括产业联盟、商会、行业协会、研究机构等。通常来说，政府与企业之间因社会团体的存在而使沟通变得更加便捷，使得双方的利益表达与信息沟通渠道在一定程度上具有经常化、规范化以及制度化的特点，并能够在社会各方面发挥积极的推动作用，诸如权益维护、协同创新、人才培养、信息共享、行业自律、政策宣传等。推进我国民间组织健康有序发展，促使沟通、协调、合作制度得以建立，使得民间组织参与空间治理的能力得到提升，并能在生态保护监督、资源节约管理中发挥积极的促进作用。

促使公众参与渠道得到拓宽。将公众参与机制引入国土空间开发保护的行政许可中，尤其是最大限度地鼓励公众参与区域开发利用活动的环境影响评价。对公众积极参与国土空间开发保护的日常监督进行鼓励与引导，促使信息公开制度得以建立，将空间开发保护的相关信息定期进行发布。在空间开发保护发生损害行为后，鼓励公众依法提起公益诉讼。

第三节　新发展格局下我国城市高质量发展的路径思考

我国各类经济活动在当前以及未来一段时期，都需要遵循新发展理念，构建新发展格局。只有从新发展格局的角度出发，对城市高质量发展的目标、机制与要素进行深度解析与研究，对功能定位上的中小城市与大城市的关系，以及发展动能上市场与政府的关系进行有效平衡，才能实现对决策的精准把握与科学制定，使得具有较高可行性的城市高质量发展路径得以梳理与制定。

一、理论解析

（一）新发展格局与城市高质量发展的逻辑关系

我国在破解新环境约束、面对历史任务、适应新发展阶段的过程中，毫无疑问地会选择对新发展格局加以构建，这也是当前与未来一段时期，我国开展各类经济活动的基本遵循。目前，我国已经进入了高质量发展阶段，传统的以资本、土地为核心变量的城市发展模式已经无法适应时代发展需要，应当调整与转变，我国目前正在突破以投资、资源驱动的传统要素集聚方式，城市要想实现高质量发展，就要在发展路线、发展目标、发展机制、发展要素等方面进行调整，使其适应社会与时代发展的具体要求。只有在新发展格局的全新视角下，以国内市场为中心，促使自身的国际竞争优势得以培育，使得与我国人口规模相匹配的城市就业与产业体系得以构建，客观上促使我国城市高质量发展获得源源不断的驱动力。

对于国家经济运行体系及其空间网络而言，城市是其重要支撑，可以说，新发展格局的构建、落实与推进均与城市发展的质量与速度密切相关。我国的城镇化对于拉动经济增长具有重要作用，一方面可以促使有效供给得以提升，另一方面又使巨大需求得以创造。我国经济发展在新发展格局战略部署下，无论是其重心、中心、落脚点还是出发点都发生了翻天覆地的变化，我国的经济发展还是要以推进新型城镇化作为重要抓手。只有使城乡区域经济循环得以畅通，才能为新发展格局提供基本保障，这种新发展格局的主要特点为以国内大循环为主体，国内国际双循环彼此促进；只有当城市高质量发展得以推进，才能使系列空间节点得以形成，并为新发展格局的顺利推进与落实提供支撑。

故此，深入设计城市高质量发展的实施路径与理论框架的重要前提便是对新发展格局内涵的科学理解。其一，从本质上看，国内国际双循环是一个整体，而新发展格局的基本表现为双循环畅通高效、外循环赋能、内循环为主，二者不可偏废。其二，新发展格局的核心要求主要表现为由重效率与发展转变为高效统筹发展与安全。其三，新发展格局的本质特征为实现高水平自立自强。其四，要想促使新发展格局得以全面落实的关键动能是改革、开放与创新。其五，要想促使新发展格局得以快速构建，需要注意以下几方面内容：对我国参与国际合作与竞争的新优势进行塑造、对经济社会治理与深层次改革加以完善、促使供给体系韧性得以增强、对产业结构进行优化升级、促使我国统一市场得以形成、推进创新攻关、对需求侧管理与供给侧结构性改革进行不断深化。

（二）新发展格局下城市发展的要素转换

从传统意义角度出发，大部分学者以资本、土地等要素投入的生产函数模型作为城市发展的基本假定，通常从投资驱动下的集聚效应与规模效应两个角度来对城市发展过程进行描述，以及对未来的发展路径加以确定。随着科学技术的不断进步，对城市发展产生一定影响的强度、作用方式与要素表现形式均发生了巨大改变。故此，必须在新发展格局的指导下，对城市发展的要素转换进行深层次解读，如图 7-4 所示。

图 7-4　新发展格局下城市发展的要素转换

1. 人口流动符合市场规律并反映区域落差

影响城市发展最核心的要素是人口。目前我国人口流动呈现出一系列新的特征，包括人口向着就业机会多与公共服务号的大城市以及南方城市进行流动，向着中西部行政中心城市以及南方、东部省份进行流动，这一特征与市场机制作用规律相适应的同时，也将南北方、东西部城市之间的发展差距反映出来。其一，向南方与东部流动是跨省域人口流动的主要特征。2016—2019 年东北三省、山东省的常住人口流失率不断提高，而与之形成鲜明对比的是，江苏省、浙江省与广东省的年均增加常住人口分别达到 23 万人、78 万人、168 万人。其二，少数核心城市成为人口流动目的地。2016—2019 年城市人口年均净流入超 10 万人的城市有郑州、重庆、成都、西安、宁波、长沙等，城市人口年均净流入均超过 20 万人的城市有杭州、广州和深圳。其三，城际间人口流动日趋活跃。城市群内部之间的经济往里较为频繁，人口之间的交流与互动比较密切。据百度人口迁移大数据调查显示，城际间人口单日流动频次不断走高的有西安—咸阳、北京—天津、北京—廊坊、上海—苏州等。

2. 城市土地要素增长空间受到双重挤压

作为城市发展的空间载体，土地同时受到了粮食安全与“胡焕庸线”的双重挤压。目前我国城市发展中遇到的突出问题是沿海城市居住用地被工业用地严重挤占，以及建筑面积增幅收窄。从总量视角出发，截至 2019 年，全国城市建设面积达 58 307.7 平方千米。

2011—2015 年，我国城镇建筑面积年均增长率为 5.4%，2016—2019 年，我国的城镇建筑面积增幅收窄，仅为 3.4%；2016—2019 年城建土地面积年均增长不足 1% 的大城市有天津、北京、上海等。从用地结构视角出发，绿地、公共设施、公共管理与服务、道路交通、物流仓储、商服、工业、居住八大类均属于城镇建设用地，从全国层面看，我国城市建设用地中工业用地占比低于居住用地大约 10 个百分点，但是一些沿海城市则与之形成鲜明对比，其工业用地占比普遍高于居住用地占比，诸如东莞、上海等，导致了住宅与土地价格高企。

3. 城市建设资金逐步依赖多渠道融资

城市建设与运营的基本保障是资本。城市的高速发展，客观上促使市政公用设施建设的固定资产投资额增幅得以不断上升，地方财政支持力度不足，民间资本与信贷的支持力度不断加大。通过对我国资源配置进行分析，可以看出，我国地方政府的财政支出效率偏低，随着城镇化进程的加快，大部分城市地方财政出现了支撑乏力的现象。为了解决这一问题，各地方政府纷纷采取一系列措施，如成立城市建设投资公司，为了吸引民间资本与银行信贷资金参与城市发展建设，政府直接将划拨土地使用权作为抵押物用以融资。

4. 技术、数据等“新型要素”持续赋能城市管理和品质建设

数据、技术等“新型要素”，在新一轮科技革命的影响下发挥着重要作用，尤其是为城市生活和经济发展注入新的生机与活力。近些年，一系列前沿技术对城市管理理念、模式与手段的创新起到积极的促进作用，包括人工智能、区块链、云计算、大数据等。在技术、数据等“新型要素”的影响下，一大批智慧城市样板工程如雨后春笋般涌现出来，旧有的城市改造模式下产生的城市问题逐步得地有效解决，市民的生活质量与城市管理成效均得到了显著提高。

5. 环境逐步成为恩格尔系数降低与库兹涅茨曲线拐点到来后的重要变量

近些年，我国高度重视生态文明建设，在城市发展过程中时刻坚守“绿水青山就是金山银山”的理念，不断对生产空间、生活空间以及生态空间进行优化。通过对我国居民的消费情况进行分析，发现食品支出总额占据个人消费支出总额的比重在不断下降，从整体来看，现阶段与库兹涅茨曲线拐点越来越接近，绝大多数东部城市已经处在库兹涅茨曲线右侧。从城市发展阶段与居民需求角度分析，作为城市不可移动品质空间的核心内容，环境的建设与恢复正在逐渐成为对我国未来城市发展产生影响的重要变量因素，主要表现在对人口流动的影响，尤其是精英人才。

（三）新发展格局下城市高质量发展的理论机制和目标设定

在构建新发展格局的过程中，城市发展将会逐步进入到高质量快速发展阶段，这在客观上要求我们逐步摆脱以往的城市发展思路，顺应时代与社会发展需求，分别以供需互动、创新驱动、空间要素生产率提升、

制度变革、产业链升级、治理深化六方面为突破口，促使城市实现发展的平衡、充分、高效、公平、可持续与安全，如图 7–5 所示。

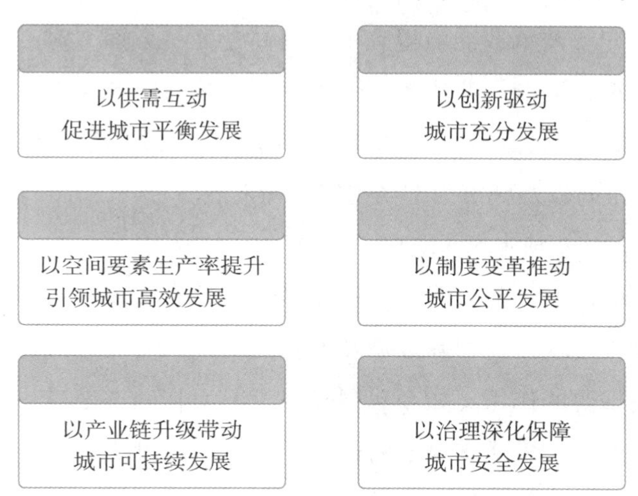

图 7–5　新发展格局下城市高质量发展的理论机制和目标设定

1. 以供需互动促进城市平衡发展

新发展格局的重要内涵是要处理好供需二者间的关系。当前和未来一段时期，供给侧仍旧是我国经济运行中需要解决的主要矛盾，坚持以供给侧结构性改革为主线，对需求侧管理给予高度重视，对短板弱项进行补足，对各个堵点进行疏通，促使生产、分配、流通、消费各个环节实现有机衔接，最终形成更高水平的动态平衡，即需求牵引供给、供给创造需求。我国城市发展中导致部分城市出现新引力与承载力不足，城市建设缺乏个性与特色，中小城市功能萎缩以及大城市病等一系列问题的根本原因，主要集中表现在城市居民多样化、多层次的需求无法得到满足，现有的城市服务与产品种类过于单一等方面。新发展格局下，城市发展需要顺应时代与社会需求，主要体现在人口向就业机会多、公共服务号、区域性行政中心的城市集聚，对各个要素资源进行统筹管理，涉及环境、数据、技术、资本、土地等，促使得供给侧结构性改革得以顺利进行。一方面，要根治“大城市病”，就需要使得城市群、中心城市资源优化配置及承载能力得到不断提高；另一方面，对一系列“落后病”进行治理，诸如产业凋敝、人才流失、公共服务长期供给不足、经济增长乏力等，需要促使小城市资源利用效率得到提高，增加有效供给，从而实现城市间以及城市内部供需的平衡发展。

2. 以创新驱动城市充分发展

我国要想走上一条大国经济、强国经济的发展道路，必须以国内大循环为主体，实现国内国际双循环的相互促进。而在这一过程中，创新发挥着至关重要的作用。如今我国经济发展面临两大困境，即国外全球价值链依附性嵌入模式支撑不断弱化，以及国内投资驱动方式与传统要素的不可持续，在如此情况之下，我国必须依靠创新驱动促使一系列的水平、结构与总量问题得到有效解决，诸如潜力释放不够、发展动力不足等，必须借助新模式、新业态、新产品、新技术的培育，使新旧产业实现高效融合，以本土高端市场需求扩容支撑及本土企业自主创新能力提升跨越“中等收入陷阱”。

要想促使我国目前面临的各种城市发展问题得以解决，涉及城市盲目扩张引起的资源浪费、城市发展中遇到的内生动能不足等问题，就必须以创新作为驱动力，使得城市发展动能转换得以实现，在一定程度上促使新型要素与传统要素的有机融合，其中新型要素包括数据、技术等，传统要素包括资本、人口、土地等，使得要素使用效率得到有效提高，促使公平竞争的新环境得以营造，为城市居民提供个性化的产品与服务，使其多样化、多层次的需求得到满足，客观上实现城市的充分发展。

3. 以空间要素生产率提升引领城市高效发展

在构建新发展格局的过程中，高水平城市群和以中心城市为核心的现代化都市圈发挥着重要的支撑与空间载体的作用。持续发挥城市群与中心城市的带动作用，客观上能够促使新发展格局的决策部署得以落实，进而促使一批新增长级得以形成，对区域合作的深化以及区域分工的优化发挥着至关重要的作用，能够推动东北和东中西部地区、欠发达地区与发达地区的共同发展。目前我国人口大多向着就业机会多、公共服务号的中心城市流动，据预测，未来我国将有三亿人涌入城市，然而受到“胡焕庸线”的限制，人口流入区的城市土地要求供给增量空间难以满足现实需要。这在一定程度上对城市发展提出新要求，需要以新平台、新科技使得各种要素资源得以高效融合，促使新型生产函数得以构建，大力提升城市地均产出与经济密度，客观上促使城市发展效率得到全面提升。

4. 以制度变革推动城市公平发展

我国新发展格局的核心要求具体表现为对国内国际双循环以及国内大循环中出现的阻碍畅通的利益、观念与制度方面的羁绊进行清除，对商品服务流通的体制机制障碍以及妨碍生产要素市场化配置加以破除，从而使得一个充分开放、公平竞争、高效规范的国内统一市场得以形成。我国目前制定的一系列与户籍挂钩的制度，对我国城市发展产生了一定的制约与影响，小城镇与大中小城市之间存在着较为明显的断层现象，而社会各个方面的差距也日益扩大，具体包括收入、区域、城乡等方面，公共服务与区域协调发展均等化进程放缓，城市新移民的体验感与获得感相对较差。具体而言，存在如下问题：第一，以京津冀为例，北京、天津两个超大城市与河北省之间缺乏有经济活力的中小城市支撑，城市群等级结构不合理。第二，城市间特别是临近城市间经济联动仍有提升空间。2019 年有 11 个省会城市在本省份的经济首位度超过 30%，集聚效应显著，而辐射联动不足，没有有效调动各个城市参与经济活动的积极性，城市比较优势发挥尚不充分。第三，城市内各群体收入和生活质量差距仍然存在。根据《2019 年农民工监测调查报告》，50.9% 的受访农民工反映存在子女在城市上学难、看病难，市民权利缺失等问题，农村转移人口市民化仍然是新型城镇化和高质量城市发展需要解决的重大问题。要想解决我国目前城市发展中遇到的问题，确保未来城市的可持续发展，就需要转换空间视角，通过各项制度的变革，以人口要素的自由流动，促使地区之间与城乡之间实现均等化，具体包括居民的生活质量、人均实际收入与人均 GDP 等方面，客观上促进了城市发展中的公平性得以实现。

5. 以产业链升级带动城市可持续发展

高质量国民经济循环的基础是确保供应链与产业链的畅通，可以说，我国经济社会要想安全稳定的运行，其根本在于产业链的自主可控。通过分析国际经验，发现城镇化初期人口聚集的直接驱动力是工业，它在一定程度上加快了城市发展速度，而随着城镇化的不断推进，我国的城市产业结构也随之发生了重大改变，使其发展向着更高阶段迈进，具体表现在城市发展的驱动力由传统工业逐渐转变为高端制造业以及金融、信息技术等服务业。2019 年与中等偏上收入国家的平均水平相比，我国人均 GDP 高出 13.5 个百分点，但是城镇化率却落后了 6 个百分点。预计 2025 年之后，我国人均 GDP 将步入世界高收入国家行列，城市发展上升空间与城镇化空间还比较大。故此，必须坚持以产业链升级为主线，对跨行政区配置机制与要素流动进行不断优化，以国内大循环为主体，对区域产业链进行重新构建，使完整的城市产业体系得以培育，并高效解决三亿新城市移民的就业问题，促使我国城镇化率与国际平均水平之间的差距不断缩小，确保未来城市的可持续发展。

6. 以治理深化保障城市安全发展

新发展格局的构建与完善在一定程度上受到国家治理能力与治理体

系现代化的影响，而城市治理是实现国家治理新格局的共建共治共享的关键因素。伴随千万级人口大城市数量的日益增多，城市发展中的诸多问题一再受到挑战，包括城市市政基础设施承载、公共卫生事件和自然灾害事故灾难应急处理、城市多元文化融合等。根据户籍人口统计，截至2019年，我国300万～500万人口大城市有30个，500万～1000万的人口特大城市有10个，千万级以上的超大城市有6个。若是将流动人口计算在内，拥有千万级人以上人口的特大城市将会更多，从安全性与高效性角度出发，城市发展将面临更加艰巨的挑战。尤其是2020年疫情暴发，使得各级政府不得不认真面对与妥善处理更为复杂的城市治理难题。实践证明，若要确保城市实现可持续发展，就必须通过新型城市建设的新要素，如数据、技术等，对多元化治理手段与精细化管理方式进行不断创新，使得政府执政能力得到提高，在城市治理过程中，全面提升其专业化、智能化、法治化与社会化水平，助力城市安全发展。

二、路径选择

目前，我国正处于实现“两个一百年”奋斗目标的历史交汇期，而这一特殊的历史时期，也正是我国经济由高速增长阶段转向高质量发展的重要历史阶段，我们应当以国内市场为主体，培育与发展具有国际竞争力的世界一流企业，促使适应人口大国需求的就业体系与城市产业得以构建，加快城乡融合与大尺度区域整合，促使临近区域公共服务均等化得以顺利实现，对城市生态、生活与生产品质治理进行不断完善，加快培育城市非贸易型、不可移动要素，如图7-6所示。

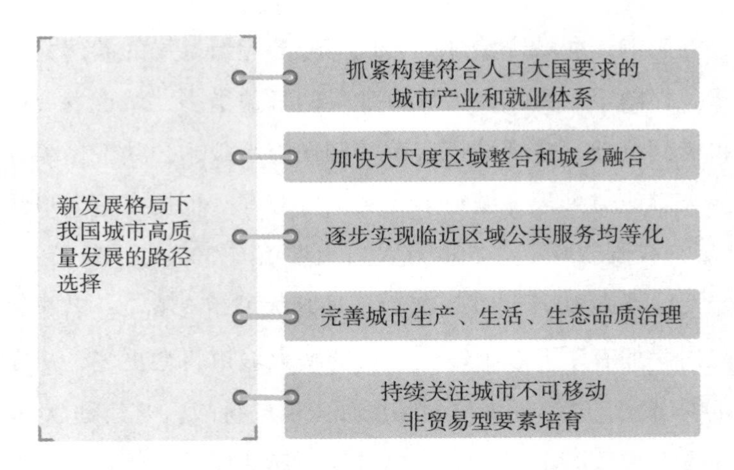

图 7-6　我国城市高质量发展的路径选择

（一）抓紧构建符合人口大国要求的城市产业和就业体系

基于以国内大循环为主体，重新构建区域产业链。首先，加快推动城市产业链转型升级，即以区域循环、内循环为主取代以自循环、外循环为主。一方面，满足国内市场的多样化、多层次需求，不断提高自主创新能力，大力推进产学研用合作，对紧缺技术与基础科学加大投资力度，促使自主可控的供应链、产业链与创新链得以构建与完善；另一方面，以区域性中心城市为支撑，对产业布局进行合理规划，促使区域间及区域内部的创新成果实现自由流动，产业优势得到互补，开展多层次产需对接，打破城市间传统的行政分割，以及区域间的经济分割，提升产业链整合能力，促使结构合理、门类齐全、布局完善的区域产业体系得以构建。其次，积极培育新业态。加快推进基于智能化、网络化、数字化的 5G 等新型城市基础设施建设，促使线上与线下、传统与新一代信息技术产业实现高效融合，大力发展新模式，诸如社区零售、工厂电商、直播带货等，通过技术创新助推产业转型升级，为市民创造更多工作岗位，使居民的消费欲望得到激发，进一步提高居民整体收入水平。

分层级推进就业供给侧改革。在实施就业供给侧改革的过程中，应当将提高收入与扩大就业相结合，从要素禀赋与城市发展基础视角分析，对城市就业供给特征进行识别，在不同层级产业发展的基础上，使多层级就业岗位设置得以全面推进，其中多层级就业岗位包括环境导向性、服务导向性、创新驱动型、就业导向型等，客观上促使就业规模得以不断扩大，就业结构得到改善，就业质量得到提高，有效避免产业空心化与资源枯竭现象的出现，最大限度地解决三亿新城市移民的就业问题，从而保证城市的可持续发展。

（二）加快大尺度区域整合和城乡融合

统筹推进户籍制度改革。对多种户籍制度改革模式进行积极探索，诸如城市群内户口互认、“差别化落户”、人才落户、零门槛落户等，消除城乡户籍壁垒，深化户籍制度改革，促进基本公共服务均等化。对一系列基础公共服务保障加以完善，诸如医疗、教育等，促使人口流动范围不断扩大，由区域间人口流动发展为全国范围内的人口流动，客观上促使地区间、城乡间的居民生活质量与收入均等化。

进一步加强不同等级城市的有效组合。对城市带、都市圈、城市群建设进行不断完善，以优化空间结构为导向，有针对性地对大城市病进行有效解决，促使城市群、都市圈的空间利用效率得到提高。基于城市群与中心城市尺度，从不同维度对城市资源优化配置能力与城市综合承载能力加以提升，具体涉及空间治理、公共治理、产业治理与创新治理等，对城市群规模体系加以不断优化，使得乡村与城市、中小城市与大城市的良性循环得以实现，客观上促进了跨行政区域协同发展。

加速城乡融合发展。促使城乡双向要素流动机制不断健全，加快建立与完善一系列体制机制，涉及多渠道城乡财政金融服务、工商资本引流入乡、农村土地流转交易等；对城乡教育资源配置进行不断优化，进一步完善乡村医疗卫生服务体系，促使农村养老服务网络不断完善与健全，建立城乡统一的社会保障体系，推进城乡公共服务一体化；促使城乡基础设施一体化机制得以建立，推进市政供气供水、城市轨道交通向郊区、乡村不断延伸，使得各区乡镇村道路联通得以快速实现。

（三）逐步实现临近区域公共服务均等化

促使临近区域公共服务均等化得以不断推进。以都市圈、城市群为空间尺度，丰富资金来源与供应主体，使得临近区的基本公共服务供应质量与数量的均等化得以逐步实现，包括医疗、教育等领域。一方面，向居民提供多样化、多层次的需求，从而最大限度地减少资源的浪费与错配；另一方面，对城市的治理、改造、建设方式进行创新，从而提高城市居民的获得感与体验感。

推进城市住房供给侧结构性改革。强调“房住不炒”的定位，未来房屋交易将不以炒房为目的，城市以人为主体，需要不断对其责任进行强化，对住房供应体系进行分类型的建立与完善。其一，加强城市更新与存量住房改造提升，促使老旧区的居住环境质量得到提高；其二，面向新市民与城市中低收入家庭，为其发展租赁住房与配建公共住房，在部分城市进行人才房建设模式的探索，诸如雄安新区、深圳等；其三，进一步健全与完善私房交易、出租以及商品房销售的市场机制，改善人居环境，提升居住幸福“指数”。

（四）完善城市生产、生活、生态品质治理

创新推动高密度城市生产治理，提升城市品质。对国内高密度城市生产治理创新模式进行探索，如深圳、上海、北京等，对生产空间与城市边界进行合理规划，对资金与土地增量加以科学使用，盘活存量，促使城市经济密度与承载弹性得到进一步提高。

以社区为基本单位，对城市生活品质治理加以完善。借助包括大数

据在内的先进技术手段，推动城市智慧管理，使得网格化精细管控水平得以提高，促使城市运行风险与成本得以降低；积极开展各类体育建设与健康宣传活动，为城市居民的健康工作与生活保驾护航，使得健康城市建设步伐不断加快。

对城市生态品质治理加以完善。对城市土壤、水体、空气污染进行集中治理，促使城市建设用地结构得以改善，城市绿地建设面积得以适度增加，一方面对污染源头进行严格管控，对能源结构进行合理调整，使其能源利用率得到有效提高，另一方面要加大生态保护修复建设力度，促使生态系统功能得以不断提升。

（五）持续关注城市不可移动、非贸易型要素培育

注重培育城市文化。借助制度力量，促使广大市民积极参与到各种渗透地方文化、集体精神、家国情怀的活动中来，基于地方文化建立一套城市文化供给体系，使得生活在这座城市的居民能够喜爱、理解与认同它，客观上促使大众审美能力得到提升，高度重视先进文化的导向作用，对城市文化符号进行不断强化，使得城市居民的文化自信得以增强。

基于城市差别化建设，对城市的特色风貌加以保留。强调对城市人文、自然景观的保护，加强对传统历史街区的限制性开发与修复，对城市空间中的记忆、乡愁与传统加以保留，促使居民的城市认同感与归属感得以不断提高；借助多种建设方式，使得城市建设的差异化得以充分体现，如文化产业园、特色地标建设等。

参考文献

[1] 王林生 . 城市更新 [M]. 广州：广东人民出版社，2009.

[2] 华高莱斯国际地产顾问北京有限公司 . 城市更新方法 [M]. 北京：北京理工大学出版社有限责任公司，2022.

[3] 阳建强 . 城市更新与可持续发展 [M]. 南京：东南大学出版社，2020.

[4] 上海通志馆，《上海滩》杂志编辑部 . 砥砺前行 上海城市更新之路 [M]. 上海：上海大学出版社，2021.

[5] 吴国清，吴瑶 . 城市更新与旅游变迁 [M]. 上海：上海人民出版社，2018.

[6] 张雯 . 城市更新实践与文化空间生产 [M]. 上海：上海交通大学出版社，2019.

[7] 胡靓，沈莹，李志民 . 城市更新背景下的城中村社区改造理论与实践 [M]. 北京：中国纺织出版社，2021.

[8] 张敏，龙莉波 . 城市更新之既有建筑地下空间开发 [M]. 上海：同济大学出版社，2021.

[9] 马海龙 . 空间治理基础 [M]. 银川：宁夏人民出版社，2017.

[10] 沈昊婧，王金燕，荆椿贺 . 城市存量用地更新和空间治理 北京非

首都功能疏解中的实践研究 [M]. 北京：中国计划出版社，2021.
[11] 周俭 . 社区 · 空间 · 治理 2015 年同济大学城市与社会国际论坛会议论文集 [M]. 上海：同济大学出版社，2015.
[12] 博岚岚 . 网络空间合作治理新生态构建网络空间命运共同体 [M]. 北京：知识产权出版社，2020.
[13] 苗慧 . 以国土空间规划体系为背景谈谈城市更新路径 [J]. 城市建设理论研究（电子版），2023（11）：19–21.
[14] 傅婷婷，谷玮，王梦婧，等 . 统筹发展与安全背景下的城市更新行动：基于社会空间融合的视角 [J]. 中国土地科学，2023，37（2）：11–20.
[15] 殷一丹 . 城市有机更新：基于理性选择理论的反思 [J]. 建筑与文化，2023（2）：166–167.
[16] 郭慧，许书刚，唐鑫，等 . 城市更新背景下昆山全要素城镇地质调查工作探索 [J]. 江苏科技信息，2023，40（4）：73–76.
[17] 赵聚军，庞尚尚 . 面向共同富裕的超（特）大城市居住空间治理 [J]. 北京行政学院学报，2023（1）：44–53.
[18] 王祯，张衔春，刘思绎，等 . 中国城市老工业园区更新的空间治理机制研究：多层次视角的分析框架 [J]. 地理研究，2022，41（12）：3273–3286.
[19] 刘晔，唐艺宁 . 城市权利视角下微空间治理的价值与策略研究：以上海市为例 [J]. 南京社会科学，2022（11）：51–60.
[20] 黄庭晚，张大玉 . 城市更新背景下老旧小区停车空间治理研究：以北京市西城区展览路街道团结社区为例 [J]. 华中建筑，2022，40（10）：95–98.
[21] 周岚，丁志刚 . 中国规划重塑期的转型和创新应对思考 [J]. 城市

规划学刊，2022（5）：32–36.

[22] 包咏菲 . 城市更新助力社区适老化改造 [J]. 群众，2022（18）：18–20.

[23] 何子张，郑雅彬 . 面向高质量发展的厦门城市更新治理体系构建 [J]. 规划师，2022，38（9）：40–46.

[24] 梁启航 . 走进品质城市新时代：城市更新行动下的老旧小区改造探索 [J]. 城市建筑，2022，19（14）：49–51，81.

[25] 夏伟 . 多路径融合在深圳城市更新行动中的探索：以深圳市光明区车辆段片区为例 [J]. 住宅产业，2022（5）：90–92，114.

[26] 叶林，彭显耿 . 城市更新：基于空间治理范式的理论探讨 [J]. 广西师范大学学报（哲学社会科学版），2022，58（4）：15–27.

[27] 刘超 . 城市更新视角下的空间治理模式研究 [J]. 大众标准化，2022（7）：109–111.

[28] 孟翔飞 . 现代城市更新与公共生活空间安全治理路径探讨 [J]. 辽宁公安司法管理干部学院学报，2022（2）：1–10.

[29] 张云星，鲁世超，杨帆，等 . 城市空间精细化治理的解题思路 [J]. 城市开发，2022（3）：66–69.

[30] 李凯，王凯 . 新区产业用地的更新困局与转型探索：以北京经济技术开发区为例 [J]. 国际城市规划，2022，37（4）：74–82.

[31] 牛雄，田长丰 . 变革中的空间规划与空间治理改革探索：以深圳为例 [J]. 重庆理工大学学报（社会科学），2022，36（2）：7–17.

[32] 葛天任，李强 . 从“增长联盟”到“公平治理”：城市空间治理转型的国家视角 [J]. 城市规划学刊，2022（1）：81–88.

[33] 郑萍 . 健全辽宁养老服务体系建设制度供给对策研究：以城市空间治理为视角 [J]. 现代营销（经营版），2022（1）：64–66.

[34] 王嘉，白韵溪，宋聚生 . 我国城市更新演进历程、挑战与建议 [J]. 规划师，2021，37（24）：21–27.

[35] 程慧，赖亚妮 . 深圳市存量发展背景下的城市更新决策机制研究：基于空间治理的视角 [J]. 城市规划学刊，2021（6）：61–69.

[36] 赵峥 . 城市更新与文化活力：多维属性、形态特征与实现路径 [J]. 重庆理工大学学报（社会科学），2021，35（9）：1–8.

[37] 杜栋 . 城市更新行动推进新型城市建设 [J]. 城市开发，2021（18）：34–35.

[38] 沈昊婧，荆椿贺 . 功能转型背景下城市存量空间更新中的空间治理：基于空间生产理论的分析框架 [J]. 公共管理与政策评论，2021，10（5）：128–138.

[39] 刘伟凯 . 国土空间规划背景下城市更新路径探索 [J]. 智能城市，2021，7（16）：97–98.

[40] 黄卫东，杨瑞，林辰芳 . 深圳城市更新演进中的治理转型与制度响应 基于“成本—收益”的视角 [J]. 时代建筑，2021（4）：21–27.

[41] 钟婷，姚南，阮晨，等 . 成都市“中优”区域城市有机更新路径探索 [J]. 规划师，2021，37（11）：76–82.

[42] 吴军，孟谦 . 珠三角半城市化地区国土空间治理的困境与转型：基于土地综合整备的破解之道 [J]. 城市规划学刊，2021（3）：66–73.

[43] 秦红岭 . 新型城镇化背景下城市更新的伦理审视 [J]. 伦理学研究，2021（3）：111–118.

[44] 范逢春，马浩原 . 新发展阶段城市基层治理的空间正义及其制度实现 [J]. 上海行政学院学报，2021，22（3）：47–57.

[45] 黄楠，张彬 . 空间治理体系下广东省“三旧”改造政策评述 [J]. 科技风，2021（4）：152–155， 168.

[46] 宋丁 . 城市更新双 95% 新法：深圳深度改革的破题之举 ![J]. 特区经济，2021（1）：35.

[47] 刘士林 .“十四五”城市协调发展 [J]. 中国建设信息化，2021（1）：12–13.

[48] 安乾 . 中外城市空间治理研究对比及理论转向 [J]. 当代经济，2020（12）：14–18.

[49] 吴燕，邵一希，张群 . 迈向城市品质时代：新时代国土空间治理语境下的上海城市有机更新 [J]. 城乡规划，2020（5）：73–81.

[50] 许宏福，林若晨，欧静竹 . 协同治理视角下成片连片改造的更新模式转型探索：广州鱼珠车辆段片区土地整备实施路径的思考 [J]. 规划师，2020，36（18）：22–28.

[51] 田莉，陶然，梁印龙 . 城市更新困局下的实施模式转型：基于空间治理的视角 [J]. 城市规划学刊，2020（3）：41–47.

[52] 黄怡 . 超大城市空间治理的价值、挑战与策略 [J]. 学术交流，2019（10）：131–142，192–193.

[53] 赵冠宁，司马晓，黄卫东，等 . 面向存量的城市规划体系改良：深圳的经验 [J]. 城市规划学刊，2019（4）：87–94.

[54] 许中波 . 日常生活批判视角下城市更新中的空间治理：以武昌内城马房菜市场动迁为例 [J]. 城市问题，2019（4）：4–11，56.

[55] 庞赞，曹仪民，俞慧刚 . 基于“城市双修”视角下的城市更新空间治理：以杭州市为例 [J]. 浙江建筑，2018，35（2）：9–13，17.

[56] 本刊编辑部 .“2017 世界城市日：上海论坛”成功举办 [J]. 上海

城市规划，2017（6）：56–58.

[57] 许晶 . 城市空间治理的价值理念探索：读恩格斯《英国工人阶级状况》[J]. 太原理工大学学报（社会科学版），2017，35（4）：15–19.

[58] 安乾 . 面向正义城市的城市空间治理研究回顾与展望 [J]. 商业经济研究，2017（16）：188–190.

[59] 沈冠庆 . 社会分层视角下城市非正规空间现象研究 [D]. 北京：中国城市规划设计研究院，2022.

[60] 张志 . 空间正义视角下城市社区公共空间治理困境与对策研究 [D]. 天津：天津商业大学，2022.

[61] 吴建群 . 单位制社区公共空间治理逻辑研究 [D]. 济南：山东大学，2022.

[62] 都俊竹 . 空间转换、技术赋能与历史街区公共性的多重表达 [D]. 长春：吉林大学，2021.

[63] 刘冬旭 . 空间治理视角下重庆市江津区几江半岛城市与社区更新规划研究 [D]. 重庆：重庆大学，2021.

[64] 杨琨 . 西安回坊红埠街社区更新机制与策略研究 [D]. 西安：西安建筑科技大学，2021.

[65] 闫铭 . 国家治理现代化视域下城市空间治理研究 [D]. 南京：南京信息工程大学，2021.

[66] 余秋雨 . 城市更新背景下老街坊的活力更新策略研究 [D]. 苏州：苏州科技大学，2021.

[67] 何俊楠 . 日常生活视角下城市老旧社区非正规空间现象研究 [D]. 成都：西南交通大学，2021.

[68] 刘铭秋 . 城市更新中的社会排斥及其治理研究 [D]. 上海：华东政

法大学，2021.

[69] 夏晓瑜 . 基于非正式开发模式的城市高架下部空间更新策略研究 [D]. 南京：东南大学，2020.

[70] 冯学涛 . 空间治理视角下深圳白石洲社区规划实证研究与模式探索 [D]. 大连：大连理工大学，2020.

[71] 石松 . 广州市城市更新的空间治理研究 [D]. 广州：广东财经大学，2020.

[72] 王振伍 . 跨域治理视域下城市更新的发展困境与优化路径 [D]. 哈尔滨：中共黑龙江省委党校，2020.

[73] 彭雄亮 . 环珠江口湾区城市群形态演进与空间模式研究 [D]. 广州：华南理工大学，2020.

[74] 曹靖东 . 大都市中心城区“五违”整治的内在逻辑 [D]. 上海：上海交通大学，2020.

[75] 王海荣 . 空间理论视阈下当代中国城市治理研究 [D]. 长春：吉林大学，2019.

[76] 司婧平 . 空间治理视角下城市更新中的政府角色研究 [D]. 大连：大连理工大学，2019.

[77] 黄军林 . 基于“产权激励”的城市空间资源再配置研究 [D]. 武汉：华中科技大学，2019.

[78] 陈易 . 转型期中国城市更新的空间治理研究: 机制与模式 [D]. 南京: 南京大学，2016.